"五年制"高等职业教育一体化教材

计算机操作实用教程

主 编 邱孝述 王育恒
副主编 张小平 谭 玲 彭林红 鞠小洪
参 编 冯 凌 朱红霞 龚红霞 姚晓兰
　　　　喻凡益 阎思婕 吕 利 蒲虹宇
　　　　梁 梅 王文兵 杨 锋 谌永华
　　　　陈福花 敖姗嫦 邱建华 叶发仁

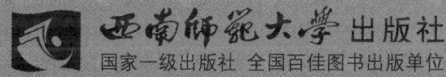
西南师范大学出版社
国家一级出版社 全国百佳图书出版单位

图书在版编目(CIP)数据

计算机操作实用教程/邱孝述,王育恒主编.——重庆:西南师范大学出版社,2020.7
ISBN 978-7-5697-0306-1

Ⅰ.①计… Ⅱ.①邱…②王… Ⅲ.①电子计算机-教材 Ⅳ.①TP3

中国版本图书馆CIP数据核字(2020)第096117号

计算机操作实用教程
邱孝述　王育恒　主编

责任编辑：李释加　周明琼
责任校对：高　勇
装帧设计：畊想设计　杨　涵
排　　版：王　兴
出版发行：西南师范大学出版社
　　　　　地址：重庆市北碚区天生路2号
　　　　　邮编：400715
　　　　　市场营销部电话：023-68868624
印　　刷：重庆友源印务有限公司
幅面尺寸：185mm×260mm
印　　张：14.5
字　　数：276千字
版　　次：2020年7月 第1版
印　　次：2020年7月 第1次印刷
书　　号：ISBN 978-7-5697-0306-1
定　　价：39.00元

前言

　　五年制高职是新时代职业教育的重要形式,是指以中等职业学校为办学主体,以培养专科学历层次高素质、高技能人才为办学目标,以初中毕业生为招生对象,学制为五年,中职与高职教育衔接一体的职业教育。学生学习五年,前三年为中等职业教育阶段,成绩合格后转段高等职业教育学习两年,成绩合格者,将获得由高等职业院校颁发的高等职业教育(专科)学历文凭。

　　本教材着眼于构建"计算机基础"课程五年一体化教学体系,切实提高五年制学生计算机理论水平和动手操作应用能力,从人才培养目标出发,基于实际工作需要,将中职阶段的计算机操作技能和高职阶段的计算机水平测试融会贯通,实现中高职阶段"计算机基础"课程教学的有机统一。

　　本教材在结构设计上采用模块和任务相结合的形式,共有计算机基本操作、Word文字处理、Excel表格设计和PPT演示文稿制作四个模块,模块下设任务,总计35个任务。教材中知识点的学习和任务一一对应,每个任务都来自实际工作岗位任务,使用者通过完成具体任务,实现了计算机技能学习与职业技能掌握接轨。另外,教材中的理论知识和重要考点为电子资料,均配有二维码和文字链接以便学习者快速获取。具体的教学安排如下表所示:

学习内容	中职 合计108课时		高职 合计72课时
	讲解操作	上机实训	
计算机基本操作	20课时	8课时	28课时
Word文字处理	20课时	10课时	20课时
Excel表格设计	16课时	10课时	14课时
PPT演示文稿制作	16课时	8课时	10课时
合计	72课时	36课时	72课时

在五年制职业教育学历体系和技能体系同行,人才培养的高教性与职业岗位的技能性并举的指导思想下,本教材中职阶段的重点是计算机实际操作能力训练,采取知识讲解和上机练习相互补充的形式进行,高职阶段的重点是计算机等级考试准备,根据全国计算机等级考试一级考试大纲进行针对性的模拟训练。

本书主编邱孝述、王育恒,副主编张小平、谭玲、彭林红、鞠小洪,参编冯凌、朱红霞、龚红霞、姚晓兰、喻凡益、阎思婕、吕利、蒲虹宇、梁梅、王文兵、杨锋、谌永华、陈福花、敖姗嫦、邱建华、叶发仁等。其中模块一计算机基本操作由张小平、冯凌、朱红霞、龚红霞、杨锋编写,模块二Word文字处理由谭玲、姚晓兰、喻凡益、阎思婕、王文兵编写,模块三Excel表格设计由彭林红、吕利、谌永华、陈福花、敖姗嫦编写,模块四PPT演示文稿制作由鞠小洪、蒲虹宇、梁梅、邱建华、叶发仁编写,全书由邱孝述、王育恒统稿。在整个教材编写的过程中,编者所在单位提供了支持和帮助,在此一并感谢。

编者

2020年6月

目 录

模块一　计算机基本操作　　1

- 任务一　初识计算机　　2
- 任务二　选购计算机　　6
- 任务三　组装计算机　　12
- 任务四　玩转无线键盘与鼠标　　17
- 任务五　安装中文输入法　　24
- 任务六　初识互联网　　29
- 任务七　电脑个性化设置　　36
- 任务八　个人资料管理　　43
- 任务九　软件安装与使用　　52
- 任务十　玩转多媒体　　59

模块二　Word文字处理　　73

- 任务一　美化小诗一首　　74
- 任务二　制作会议通知函　　81
- 任务三　制作商场双节活动策划书　　87
- 任务四　制作晚会节目单　　94
- 任务五　制作菜谱封面　　101
- 任务六　制作购物节宣传单　　104
- 任务七　制作主题电子小报　　112
- 任务八　制作应聘人员信息登记表　　120
- 任务九　制作面试通知书　　125
- 任务十　打印面试通知书　　132

模块三 Excel 表格设计 　　　　　　　　　　139

　　任务一　制作销售量统计表　　　　　　　　140
　　任务二　制作进货统计表　　　　　　　　　146
　　任务三　制作学习成绩表　　　　　　　　　151
　　任务四　处理销售统计表数据　　　　　　　156
　　任务五　制作分析图表　　　　　　　　　　161
　　任务六　创建数据透视表和数据透视图　　　165
　　任务七　制作与分析下载量统计表　　　　　169

模块四 PPT 演示文稿制作　　　　　　　　　177

　　任务一　制作抗击新冠肺炎口号　　　　　　178
　　任务二　制作公司简介　　　　　　　　　　182
　　任务三　制作公司产品介绍　　　　　　　　187
　　任务四　制作演讲目录　　　　　　　　　　195
　　任务五　给 PPT 添加音频和视频　　　　　　202
　　任务六　制作动态的公司宣传演示文稿　　　210
　　任务七　PPT 打包分享　　　　　　　　　　216
　　任务八　制作包装比赛 PPT　　　　　　　　220

计算机基本操作

模块一

学习导航

■ 任务一：认识计算机（1课时）

　　知识点：计算机基本硬件知识

■ 任务二：选购计算机（1课时）

　　知识点：计算机选购知识

■ 任务三：组装计算机（1课时）

　　知识点：计算机的物理连接、计算机的开关机

■ 任务四：玩转无线键盘与鼠标（1课时）

　　知识点：认识键盘、鼠标、使用键盘录入文字

■ 任务五：安装中文输入法（1课时）

　　知识点：输入法的安装与使用

■ 任务六：初识互联网（3课时）

　　知识点：网络设置、搜索引擎使用、电子邮件申请与使用

■ 任务七：电脑个性化设置（2课时）

　　知识点：查看计算机名称、调整分辨率、设置桌面背景、屏保设置

■ 任务八：个人资料管理（2课时）

　　知识点：建立和管理个人文件夹

■ 任务九：软件安装与使用（2课时）

　　知识点：360安全卫士下载、安装与使用

■ 任务十：玩转多媒体（6课时）

　　知识点：音乐剪辑、图片处理、视频剪辑

任务一 初识计算机

学习目标

1. 了解计算机发展历史、计算机类型及其应用领域。
2. 熟悉计算机硬件、软件的组成。

学习重点

计算机硬件、软件的组成。

学习难点

计算机硬件、软件的组成。

任务描述

园长要求幼儿园教师小杨带领大班幼儿认识计算机部件。

任务分析

在网上搜集计算机组成的信息,了解计算机的基本构成,知道计算机系统的组成,知晓硬件的名称。

 操作步骤

1. 搜集信息,备课。
(1)在网上搜索"计算机组成",了解计算机的基本组成。
(2)查找计算机硬件的最新图片。
(3)备课,准备相关资料。

2.讲解计算机的组成的基础知识。

(1)认识计算机类型:常见计算机,如台式计算机、一体机、笔记本、平板电脑;专用计算机,如超市POS机、服务器等,如图1-1-1所示。

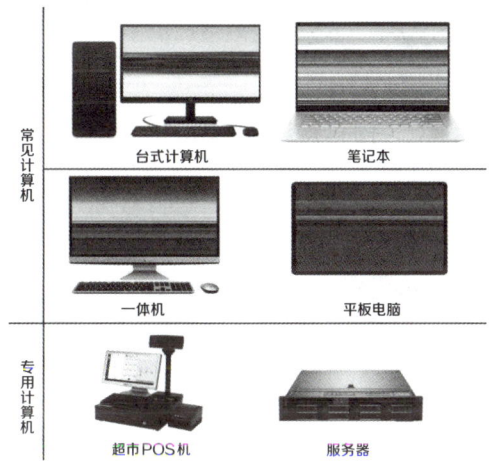

图1-1-1 计算机

(2)认识计算机硬件。

计算机的硬件是指可以用手摸得到的、实实在在的设备,也就是计算机的各个部件,主要包括主机和外围设备两大部分。

主机是计算机的重要组成部分,是计算机的核心。主机通常由以下部分组成,如图1-1-2所示。

图1-1-2 主机内部结构

计算机外围设备是指连接到主机上的各种电子设备,通过主板上的接口与主机进行通信,其中显示器、键盘、鼠标是计算机必备的外围设备,如图1-1-3所示。音箱、耳机、打印机、扫描仪等是根据用户需要来选择的外围设备,如图1-1-4所示。

3

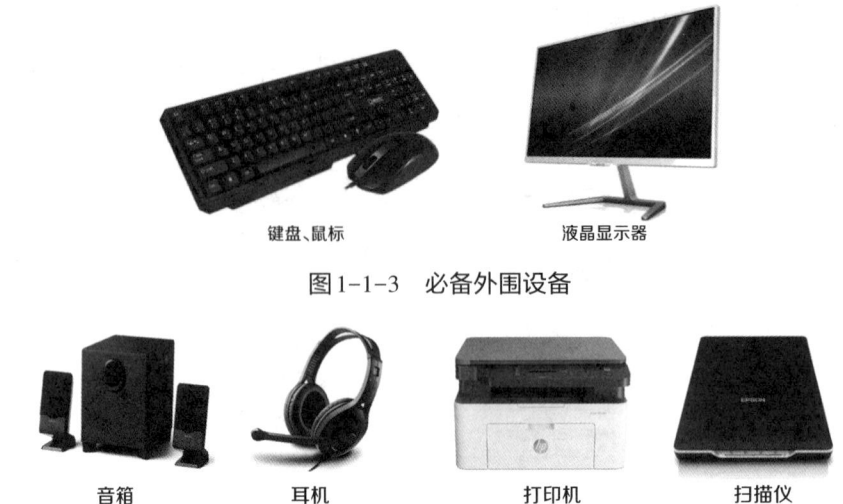

图1-1-3　必备外围设备

图1-1-4　选配外围设备

（3）认识计算机软件。

常见的计算机软件分为系统软件和应用软件。

系统软件是指控制、协调、监控计算机各部件及外围设备进行工作的基本软件。常见的操作系统有Windows7、Windows10等。

应用软件是为满足用户在不同领域、针对不同问题的应用需求而提供的软件，如图1-1-5所示。

图1-1-5　常用应用软件示例

考试大纲

计算机的发展、类型及其应用领域。

【考点解析】

[考点1]计算机的发展简史

1946年2月14日,世界上第一台电子计算机"电子数字积分计算机"(Electronic Numerical And Calculator,ENIAC)在美国宾夕法尼亚大学问世。计算机经历了大型机、小型机、微型机、客户机/服务器、互联网五个发展阶段。根据计算机所采用电子元件的不同划分为电子管、晶体管、集成电路、大规模集成电路、超大规模集成电路等。

[考点2]计算机的特点

运算速度快,计算精确度高,逻辑运算能力强,存储容量大,自动化程度高,性价比高。

[考点3]计算机的用途

科学计算(数值计算),信息处理(数据处理),自动控制(实时控制),辅助技术(或计算机辅助设计CAD与制造CAM),人工智能(或智能模拟),网络应用。

[考点4]计算机的分类

计算机按照其用途分为通用计算机和专用计算机;按运算速度分为巨型机、大型机、小型机、工作站和微型计算机;按照所处理的数据类型可分为模拟计算机、数字计算机和混合型计算机;等等。

[考点5]人工智能

人工智能(Artificial Intelligence,AI)的主要内容是研究、开发能以与人类智能相似的方式做出反应的智能机器,包括机器人指纹识别、人脸识别、自然语言处理等。人工智能能让计算机更接近人类的思维,实现人机交互。

[考点6]网格计算

网络计算是专门针对复杂科学计算的新型计算模式。这种计算模式是利用因特网把分散在不同地点的计算机,组织成一个"虚拟的超级计算机",其中每一台参与计算的计算机都是一个"结点",而整个计算机就是由成千上万个"结点"组成的"一张网格",所以这种计算方式称为网格计算。"虚拟的超级计算机"有两个优势:一是数据处理能力强;二是能充分利用网上闲置的处理能力。

任务二 选购计算机

学习目标

1. 知道计算机硬件系统的主要技术指标。
2. 知道品牌机与组装机的优缺点。
3. 了解商用计算机与家用计算机的功能与特点。
4. 理解计算机采购需求,能完成计算机采购需求配置表。
5. 能根据生产、生活需要制订采购配置方案。

学习重点

完成计算机采购需求配置表,拟订配置方案。

学习难点

填制计算机采购需求配置表。

任务描述

财务部需要小杨购买两台计算机:一台计算机用于财务做账和数据分析;另一台计算机用于移动办公和工作汇报。

任务分析

通过了解品牌机与组装机、商用计算机与家用计算机的区别,确定选购方向,了解计算机的参数指标,根据计算机用途完成计算机采购需求配置表,明确计算机的品牌与配置,进行线上询价,完成计算机采购。

操作步骤

1. 了解用户需求,填写需求表。

(1)询问用户的使用目的,完成如表1-2-1的类型与用途选择表,选择机器类型。

表1-2-1　类型与用途选择表

类型	品牌机:有明确品牌标识的电脑,经过企业严格的出厂检验而正式对外出售的整套的电脑,其兼容性和品质都有非常好的保障,有完整的售后服务	组装机:将电脑配件组装到一起的电脑。可以根据用户需求灵活搭配,价格便宜,性价比高
	你的选择:	你的选择:
用途	办公家用:一般都在家庭环境使用,性能较高,功能多样化,突出多媒体性能,外观设计美观、个性化,机箱样式多样,颜色丰富,同配置的价格低于商用计算机	专业商用:商用机型追求很高的稳定性,多媒体性能较弱,在同等的条件下适应能力强于家用计算机,外观设计严肃、大气、稳重,机箱颜色单一,以灰色、黑色、白色为主,同配置的价格高于家用计算机
	你的选择:	你的选择:

(2)根据用户需求,建议重要部件参数,如表1-2-2。

表1-2-2　参数推荐表

主要部件	参数
CPU	Intel:酷睿系列I9、I7、I5、I3,奔腾系列G3240,赛扬系列G1840等 AMD:Ryzen系列;APU系列A8、A6等
内存	16G、8G、4G(DDR3、DDR4)(1600、1858、2400、2666)
硬盘	机械硬盘:2T、1T、500G 固态硬盘:1T、500G、240G、120G
显卡	独立显卡:16G、8G、6G、4G、2G
显示器	台式机:23英寸、21.5英寸、27英寸等 笔记本:13英寸、14英寸、15英寸、17英寸等

(3)组装机常见的配件品牌推荐,如表1-2-3所示。

表1-2-3　计算机配件常见品牌

配件名称	常见品牌(排名不分先后)
主板	华硕、技嘉、微星、七彩虹
CPU	AMD、Intel
内存	海盗船、英睿达、金士顿、宇瞻
硬盘(含固态硬盘)	希捷、西数、日立
显卡	七彩虹、影驰、索泰、微星、铭瑄、蓝宝石、华硕
机箱、电源	游戏悍将、金河田、航嘉、鑫谷、爱国者
显示器	AOC、三星、飞利浦、华硕、HKC、LG、优派
键盘、鼠标	罗技、双飞燕、雷柏

2.网络调研,参考京东、淘宝、中关村在线、太平洋电脑网等专业平台进行网络询价,了解详细参数,进一步确定配置清单。

3.制作计算机采购需求配置表,如表1-2-4所示,然后根据配置表通过淘宝、京东电商平台或线下电脑城等购物平台完成采购。

表1-2-4　计算机采购需求配置表

项目	内容	配置
购机用途	学习型、普通办公型、专业设计型、家庭游戏型、影音发烧型	普通办公型
使用环境	专业商用、办公用、家用	办公用
品牌选择	联想、华硕、HP等品牌机,组装机	联想
机型选择	台式机、一体机、笔记本	台式机
CPU	Intel:酷睿系列I9、I7、I5、I3,奔腾系列G3240、E5200,赛扬系列G1840AMD:Ryzen 系列;APU系列A8、A6系列;速龙ⅡX4系列等	Intel酷睿I7
内存	16G、8G、4G	8G-DDR4-2666
硬盘	固态硬盘:2TB、960GB-1TB、480GB-512GB、240G-256GB 机械硬盘:2TB、1TB、500GB	固态硬盘:500G 机械硬盘:1T
显示器	27~30英寸、23~26英寸、20~22英寸	23.8英寸

考试大纲

计算机软、硬件系统的组成及主要技术指标。

【考点解析】

[考点1]中央处理器

中央处理器(Central Processing Unit)简称CPU,主要包括运算器和控制器,是一台计算机的运算核心(Core)和控制核心(Control Unit)。它的功能主要是解释计算机指令以及处理计算机软件中的数据。CPU的性能指标主要有字长和主频。字长:电脑技术中对CPU在单位时间内能一次处理的二进制数的位数叫字长。主频也叫时钟频率,单位是兆赫(MHz)或千兆赫(GHz),用来表示CPU的运算及处理数据的速度。

[考点2]存储器

存储器(Memory)是计算机中用于保存信息的记忆设备,按用途可分为主存储器(内存)和辅助存储器(外存)。外存通常是磁性介质或光盘等,能长期保存信息。内存是指主板上的存储部件,用来存放当前正在执行的数据和程序,但仅用于暂时存放程序和数据,关闭电源或断电,数据会丢失。中央处理器(CPU)只能直接访问内存中的数据,外存中的数据需先调入内存后,才能被CPU访问和处理。

[考点3]存储容量

存储容量是指存储器可以容纳的二进制信息量,基本单位是字节(byte,B)。随着存储信息量的增大,有更大的单位,如kB(千字节)、MB(兆字节)、GB(吉字节)、TB(太字节)等。其换算公式为1 kB=1024 B;1 MB=1024 kB;1 GB=1024 MB;1 TB=1024 GB。

[考点4]内存

内存就是暂时存储程序以及数据的地方,是CPU能直接寻址的存储空间,由半导体器件制成。内存分为随机存储器(RAM)和只读存储器(ROM)。RAM和ROM相比,两者的最大区别是RAM可读取和写入信息,在断电以后信息会全部消失,而ROM只能读取不能写入,断电后信息不会消失,可以长时间断电保存。RAM分为静态RAM(SRAM)和动态RAM(DRAM)。

[考点5]外存

外存用于存放暂时不用的程序和数据。它的特点是存储容量大,存储成本低,但存储速度较慢。它不能直接与CPU交换信息。外存通常是磁性介质或光盘,如光盘、U盘、移动硬盘等,能长期保存信息。

[考点6]主板

电脑主板,又叫主机板(mainboard)、系统板或母板(motherboard),分为商用主板和工业主板两种。它安装在机箱内,是计算机最基本的也是最重要的部件之一。主板一般为矩形电路板,上面安装了组成计算机的主要电路系统,一般有BIOS芯片、I/O控制芯片、键盘和面板控制开关接口、指示灯插接件、扩展插槽、主板及插卡的直流电源供电接插件等元件。主板采用了开放式结构。主板上大都有6~15个扩展插槽,供PC机外围设备的控制卡(适配器)插接。

[考点7]计算机的主要性能指标

1. 运算速度:是指计算机每秒钟所能执行的指令条数,一般用"百万条指令/秒"(MIPS)来描述。

2. 字长:计算机在同一时间内处理的一组二进制数称为一个计算机的"字",而这组二进制数的位数就是"字长"。在其他指标相同时,字长越大,计算机处理数据的速度就越快。

3. 存储容量:包括内存容量和外存容量,这里主要指内存储器所能存储信息的字节数。内存容量越大,能存储的数据量就越庞大。

4. 时钟主频:CPU工作的时钟频率,一般以GHz为单位进行计算,目前的主频≥2.4 GHz。

[考点8]软件系统

软件系统(Software Systems)是指由系统软件、支撑软件和应用软件组成的,它是计算机系统中由软件组成的部分。

[考点9]硬件系统

硬件系统是指构成计算机的物理设备,即由机械、光、电、磁器件构成的具有计算、控制、存储、输入和输出功能的实体部件,如CPU、存储器、软盘驱动器、硬盘驱动器、光盘驱动器、主机板、各种板卡及整机中的主机、显示器、打印机、绘图仪、调制解调器等,整机硬件也称"硬设备"。随着电子系统的复杂化,系统设计已经成为一门重要的学科,传统的反复试验法已经越来越不适应时代的发展。发展迅速的软硬件协同设计技术越来越受到人们的重视。它是在系统目标下,通过综合分析系统软硬件功能及现有资源,最大限度地挖掘系统软硬件之间的并发性,协调设计软硬件体系结构,以使系统处在最佳工作状态。

任务三 组装计算机

学习目标

1. 能正确连接常用外围设备。
2. 能进行正常的开关机。

学习重点

计算机外围设备的物理连接,正确开关机。

学习难点

计算机外围设备的物理连接,正确开关机。

任务描述

小张第一次上岗后在单位设备保障部门取得个人计算机,主要有主机(销售商家已安装好操作系统)、显示器、打印机、鼠标、键盘,现需要将计算机进行组装,以便开展工作。

任务分析

销售商已安装操作系统并试机,用户只需要将显示器、键盘、鼠标、打印机等与计算机主机进行物理连接即可。

活动一:计算机外围设备连接

操作步骤

1. 检查部件是否齐全。在开始连接电脑各设备前,首先应对照产品清单检查部件是否齐全。

2.连接显示器。将显示器的底座与显示器相连,然后将视频信号输出线(VGA、DVI或HDMI,如图1-3-1所示)、D型电源线连接到显示器对应的接口上,如图1-3-2所示。

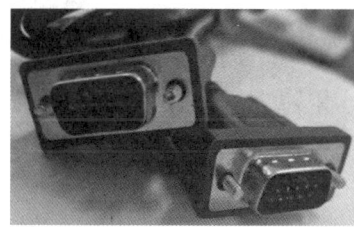 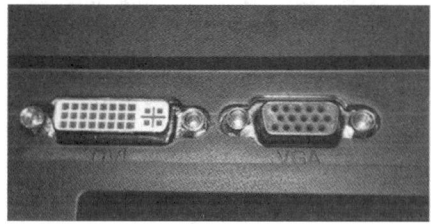 

图1-3-1　显示器视频信号输出线连接

 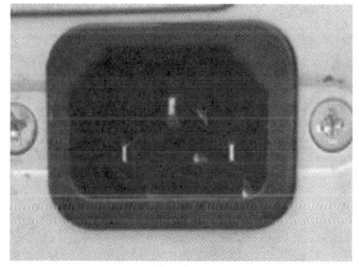 

图1-3-2　显示器电源线连接

3.将显示器连接到计算机主机。将显示器上的视频信号输出线另一端口插入主机显卡对应的视频输出接口(有独立显卡必须插在独立显卡上),并拧紧插头上的螺钉,如图1-3-3所示。

  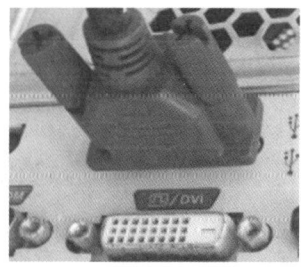

图1-3-3　将显示器连接到计算机主机

4.连接键盘、鼠标。将PS/2接口的键盘、鼠标的凸出部位对准主板后,分别接到对应接口上,蓝色为键盘接口,绿色为鼠标接口。连接时需要关闭计算机,如图1-3-4所示。如果是USB键盘、鼠标,只需要插在任意USB接口即可。

  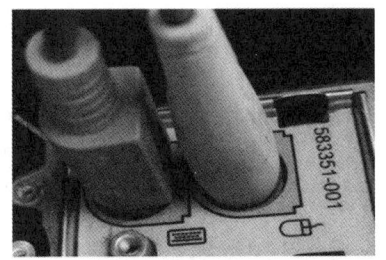

图1-3-4 连接键盘、鼠标

5.连接音箱。将音频线插入主机声卡对应位置,绿色为音频输出接口、红色为音频输入接口,如图1-3-5所示。

图1-3-5 连接音箱

6.连接主机电源。在其他设备都连接到电脑主机后,再将电源线D型接口端插入主机电源上对应的插孔,另一端连接到电源插座上,如图1-3-6所示。

图1-3-6 主机连接电源线

7.打印机与主机的物理连接。打印机(Printer)是计算机的输出设备之一,用于将计算机处理结果打印在相关介质上。将打印机USB数据线端插入主机USB接口,再将打印机D型公口一端接入打印D型母口,如图1-3-7所示

图 1-3-7　打印机 USB 数据线连接

活动二：计算机开机与关机

 操作步骤

1.计算机开机。

（1）打开所有设备连接的插座电源开关。

（2）打开与电脑相连的外部设备电源开关，如打印机、扫描仪、音箱等。

（3）打开显示器电源开关，显示器电源接通而无信号输入时为橘色指示灯，有信号输入时为绿色指示灯。

（4）打开主机电源。通过主机箱上的电源按钮，启动电脑。

2.计算机关机。

（1）单击"开始"按钮，在"开始"菜单中单击"关机"按钮，如图1-3-8所示。

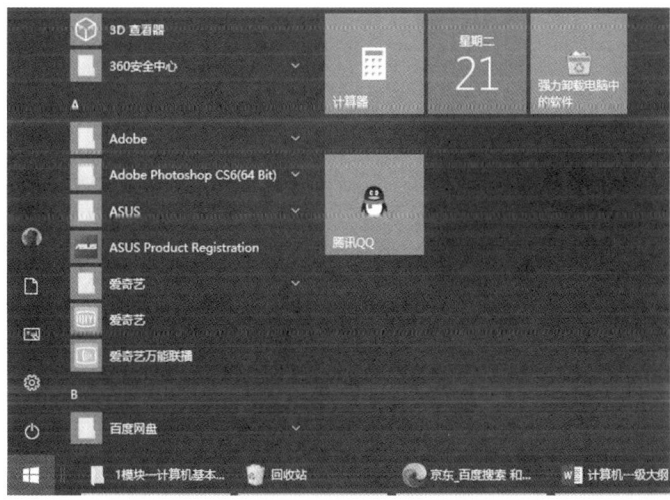

图 1-3-8　关机

（2）依次关闭显示器、外围设备电源及电源插板。

考试大纲

计算机软、硬件系统的组成以及主要技术指标。

【考点解析】

[考点1]输入设备(Input Device)

输入设备：向计算机输入数据和信息的设备。输入设备是用户和计算机系统之间进行信息交换的主要装置之一。键盘、鼠标、摄像头、扫描仪、光笔、手写输入板、游戏杆、语音输入装置、条形码阅读器、光学字符阅读器、触摸屏等都属于输入设备。

[考点2] 输出设备(Output Device)

输出设备：是计算机硬件系统的终端设备，用于接收计算机数据的输出显示、打印、输出声音、控制外围设备操作等。输出设备把各种计算结果的数据或信息以数字、字符、图像、声音等形式表现出来。常见的输出设备有显示器、打印机、绘图仪、影像输出系统、语音输出系统、磁记录设备等。

任务四　玩转无线键盘与鼠标

学习目标

1. 了解无线键盘和鼠标的工作原理。
2. 会安装和使用无线键盘。
3. 熟悉键盘以及部分常用的功能键。
4. 理解部分热键的设置及使用。
5. 认识鼠标的基本操作和状态。
6. 掌握鼠标的个性化设置。

学习重点

1. 熟悉键盘以及部分常用的功能键。
2. 理解部分热键的设置及使用。
3. 认识鼠标的基本操作和状态。

学习难点

1. 熟悉键盘以及部分常用的功能键。
2. 理解部分热键的设置及使用。

任务描述

为了方便上课使用教室电脑,幼儿园配置了无线鼠标和键盘,小李老师需要安装和使用无线键盘和鼠标。

任务分析

了解无线鼠标和键盘的工作原理,把无线接收器插入USB接口,设置和使用键盘和鼠标。

活动一：安装无线键盘

操作步骤

1. 准备好无线键盘和其自带的接收器。
2. 阅读产品说明书。
3. 将要连接无线键盘的电脑开机,而且保证USB接口是能使用的。
4. 无线键盘都需要充电或安装电池,具体根据自己的键盘而定。
5. 将无线键盘接收器插入电脑的USB接口,一般电脑会自动识别并且安装对应的驱动,如图1-4-1所示。

图1-4-1　安装接收器

6. 测试键盘,直接在记事本中测试打字即可,最好每个键都测试一遍,看是否输入正确。
7. 使用键盘。

(1)认识键盘的构造,如图1-4-2所示。

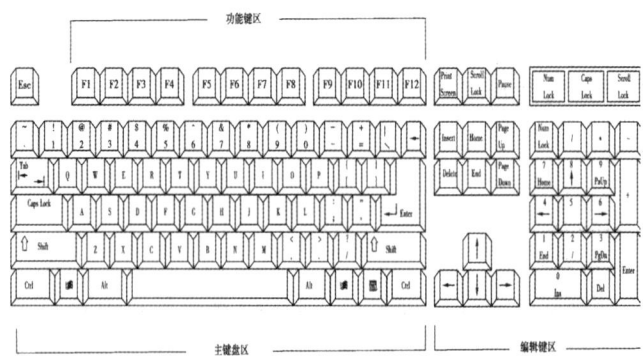

图1-4-2　键盘展示图

(2)练习敲击键盘的手法,如图1-4-3所示。

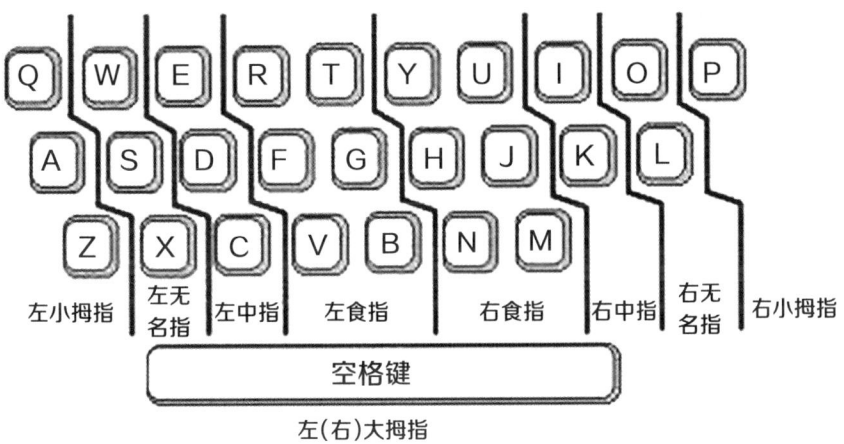

图1-4-3 键盘敲击正确手法

活动二:无线鼠标的安装与设置

操作步骤

1.首先将买来的无线鼠标内电池后盖打开。把电池绝缘条撕下,装入电池,如图1-4-4所示。

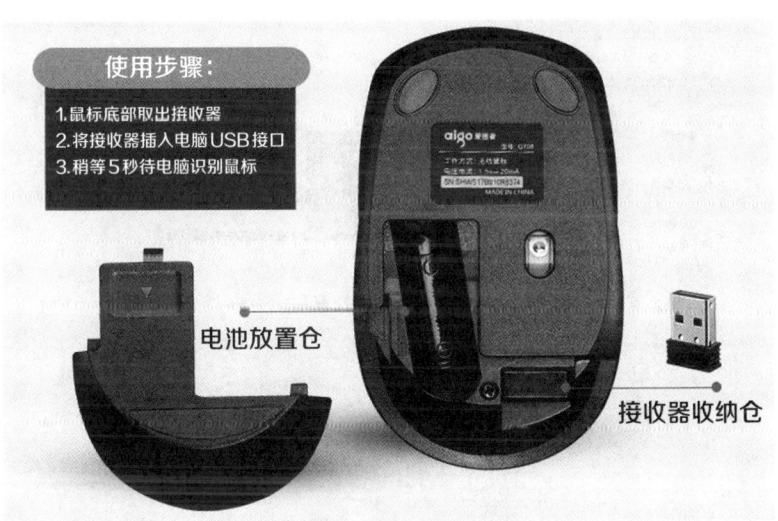

图1-4-4 安装电池

2.把接收器插入电脑USB插口,和无线键盘一样,如图1-4-1所示。

3.开关调到ON,然后就可以使用了。

4.鼠标个性化设置。

(1)在桌面上任意处,单击鼠标右键→选择"个性化",如图1-4-5所示。

图1-4-5 个性化设置

(2)单击"主页",进入Windows设置页面,如图1-4-6所示。

图1-4-6 打开主页

(3)选择"设备",如图1-4-7所示。

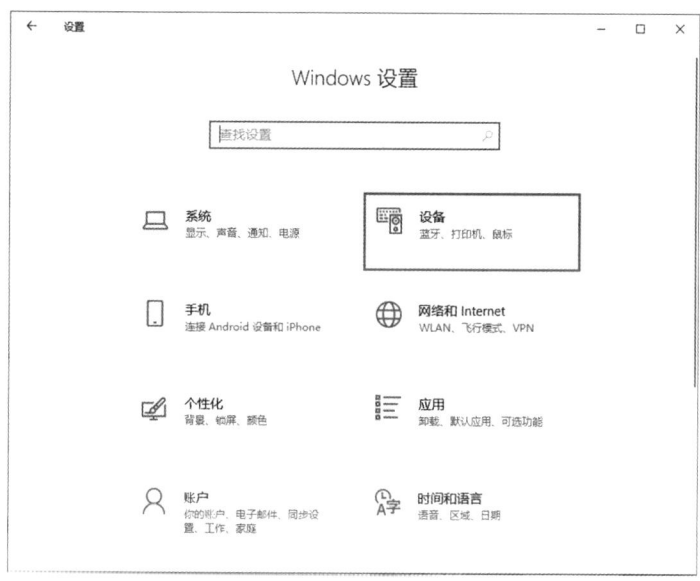

图1-4-7 设备

(4)选择"鼠标"选项即可。

2.调整鼠标选项。

(1)选择"其他鼠标选项",如图1-4-8所示。

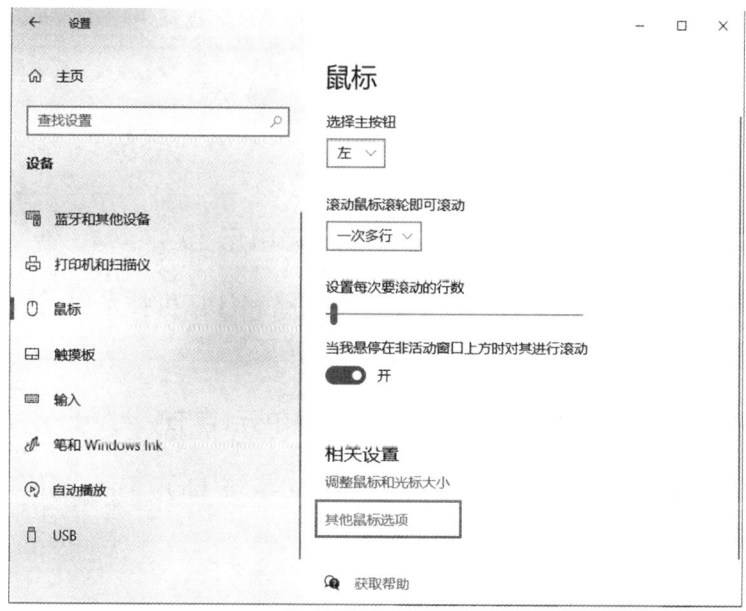

图1-4-8 其他鼠标选项

（2）单击"鼠标键、指针、指针选项、滑轮"等选项卡进行各项设置，单击"确定"按钮即可，如图1-4-9所示。

图1-4-9　设置鼠标键、指针、指针选项、滑轮等

考试大纲

计算机中数据的表示、存储与处理。

【考点解析】

【考点1】计算机中的信息单元：位

位：位（bit）是度量数据的最小单位，在数字电路和计算机技术中采用二进制，代码只有0和1，无论0还是1，在CPU中都是1位。

【考点2】计算机中的信息单元：字节

字节：一个字节（Byte）由8位二进制数组成（1 Byte=8 bit）。字节是信息组织和存储的基本单位，也是计算机体系结构的基本单位。

[考点3]字符

1.西文字符的编码。

计算机中常用的字符编码有EBCDIC码和ASCII码。ASCII码有7位码和8位码两种版本。国际的7位ASCII码是用7位二进制数表示一个字符的编码,其编码范围为00000000B—1111111B,共有2^7=128个不同的编码值,即可以表示128个不同的编码。

2.中文字符。

汉字信息交换码简称交换码,也叫国标码。国标码的编码范围是2121H~7E7EH。区位码和国标码之间的转换方法是将一个汉字的十进制区号和十进制位号分别转换成十六进制数,然后分别加上20H,就成为此汉字的国标码。汉字字形码也叫字模或汉字输出码。在计算机中,由8个二进制位组成一个字节,可见一个16×16点阵的字形码需要16×16/8=32字节存储空间。

3.汉字的处理过程。

从汉字编码的角度看,计算机对汉字信息的处理过程实际上就是各种汉字编码间的转换过程。这些编码主要包括汉字输入码、汉字内码、汉字地址码、汉字字形码等。

任务五 安装中文输入法

学习目标

1. 了解中文输入法。
2. 能下载与安装中文输入法。
3. 能用一种中文录入方法录入汉字。

学习重点

1. 输入法的下载与安装方法。
2. 熟记键盘上的字母位置。
3. 用正确的手法敲击键盘。

学习难点

熟记键盘上的字母位置。

任务描述

一台新电脑上,需要安装"搜狗拼音输入法"。

任务分析

在网上查找输入法并下载到电脑,进行安装后使用。

活动一：输入法的下载与安装

 操作步骤

1.在搜索引擎网页中,输入"搜狗拼音输入法",单击"搜索"按钮;选择"搜狗拼音输入法下载",如图1-5-1所示。

图1-5-1　搜索输入法

2.进入搜狗输入法的下载页面后,单击"立即下载",选择保存的位置后,单击"下载"按钮,如图1-5-2所示。

图1-5-2　下载输入法

3.下载好后,进入保存程序的位置,双击程序图标进行输入法的安装。单击"一键安装"或者"自定义安装"。

(小提示)一键安装是直接安装到系统指定的位置;自定义安装可以选择安装输入法的位置。

4.单击"安装完成",便可完成搜狗拼音输入法的安装。

活动二：输入法的选择与设置

1.单击电脑桌面右下角的输入法选项,单击选择"搜狗拼音输入法",也可以采取快捷键 Ctrl+Shift 切换输入法,如图 1-5-3 所示。

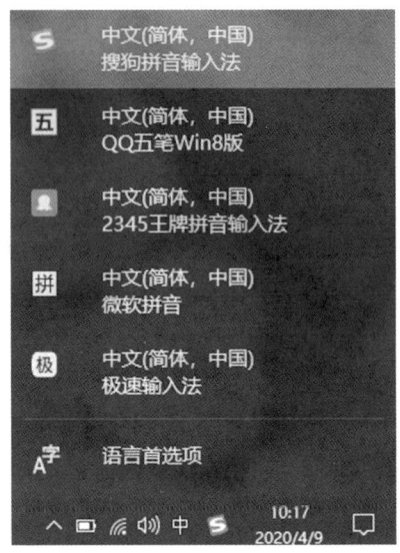

图 1-5-3　选择输入法

2.在输入法显示栏上单击鼠标右键,出现如图 1-5-4 所示的对话框,就可对输入法的各项内容进行设置了。

图 1-5-4　设置输入法

3.录入一首赞美祖国、人、自己或大自然的歌词、诗歌、散文……（用你觉得合适的汉字录入方法）

考试大纲

计算机中数据的表示、存储与处理。

【考点解析】

[考点1]二进制编码

在计算机中,数字和符号都是用电子元件的不同状态表示的,即以电信号表示。电信号只有两种,即"0"和"1"。所以计算机内部的信息都是以这两个状态的组合存储的,即二进制数。

[考点2]十进制整数转换成二进制整数

十进制整数转换为二进制整数采用"除2取余,逆序排列"法。具体做法是:用2整除十进制整数,可以得到一个商和余数。再用2去除商,又会得到一个商和余数。如此进行,直到商小于1时为止,然后把先得到的余数作为二进制数的低位有效位,后得到的余数作为二进制数的高位有效位,依次排列起来。

[考点3]二进制数与十六进制数间的转换

二进制数整数部分转换成十六进制数的方法是从个位数开始向左按每4位一组划分,不足4位的组以0补足,然后将每组4位二进制数以一位十六进制数字代替即可;小数部分的分法是从小数部分的最高位开始向右按每4位一组划分,不足4位的组以0补足,然后将每组4位二进制以一位十六进制数字代替即可。十六进制数转换成二进制数的方法相反。

[考点4]非十进制数转换为十进制数

利用按权展开的方法,可以把任意数制转换成十进制数。

[考点5]中文输入法

中文输入法,又称为汉字输入法,是指为了将汉字输入计算机或手机等电子设备而采用的编码方法,是中文信息处理的重要技术。中文输入法从1980年发展起来,经历几个阶段:单字输入、词语输入、整句输入。汉字输入法编码可分为音码、形码、音形码、形音码、无理码等。广泛使用的中文输入法有拼音输入法、五笔字型输入法、二笔输入法、郑码输入法等。流行的输入法软件平台,在Windows系统有搜狗拼音输入法、搜狗五笔输入法、百度输入法、谷歌拼音输入法、QQ拼音输入法、QQ五笔输入法、极点中文汉字输入法。

任务六 初识互联网

学习目标

1. 了解因特网的基本概念及提供的服务。
2. 了解因特网的常用接入方式及相关设备。
3. 熟练使用浏览器搜索、浏览和下载相关信息。
4. 熟练收发电子邮件。
5. 会根据需要将计算机通过相关设备接入因特网。
6. 了解网络设置的方法。
7. 会使用基本的网络聊天与电子邮件等网络沟通方式。
8. 能完成网上学习、网上银行、网上购物转账、网上求职等网络应用。
9. 具备网络安全和网络责任意识。

学习重点

网络基本设置,使用搜索引擎,网络资源使用。

学习难点

网络基本设置,搜索引擎使用。

任务描述

小杨是公司的办公文员,到公司后获得个人工作电脑,需要配置个人电脑的网络,下载资料,申请并使用电子邮箱。

任务分析

对电脑进行网络设置操作,申请电子邮箱,并能收发电子邮件,使用百度搜索引擎下载资料。

活动一：上网设置

操作步骤

1. 如图1-6-1所示连接好路由器。

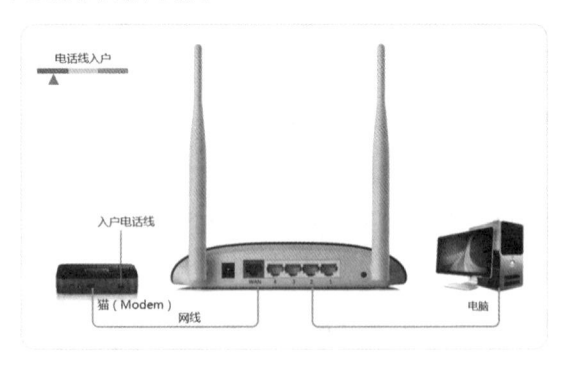

图1-6-1　连接路由器

2. 登录路由器的管理界面，一般在路由器的底部会有登录地址，如图1-6-2所示。

图1-6-2　路由器登录地址

3. 在浏览器中输入登录地址，弹出登录管理界面，如图1-6-3所示。

图1-6-3　登录管理界面

4.对无线网络配置参数进行设置,如图1-6-4所示。

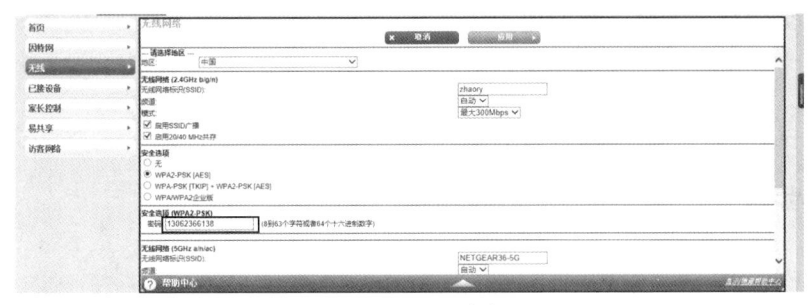

图1-6-4 设置路由器

5.完成设置后重启路由器,电脑、手机就可直接用有线或无线连接上网。

活动二:用百度搜索资料

操作步骤

1.打开IE浏览器,输入百度网址,如图1-6-5所示。

图1-6-5 百度搜索引擎首页

2.在光标处输入需要搜索的内容,在输入的过程中会出现一些关联的信息,可以自行选择,如图1-6-6所示。

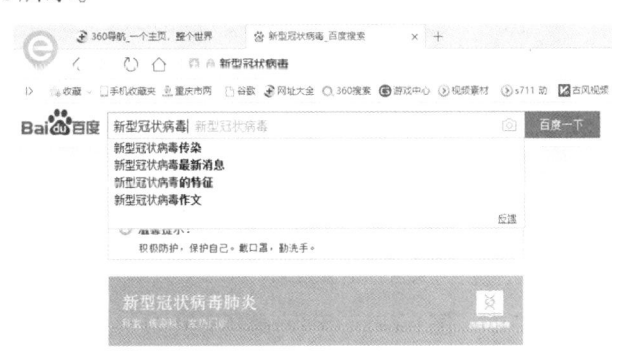

图1-6-6 输入搜索内容

3.单击"百度一下",进入搜索页面。

4.在网页中找寻需要搜索的内容。

活动三：电子邮箱的申请及使用

操作步骤

1.打开浏览器,输入网易网址。

2.单击右上角的"注册免费邮箱"。

3.网站默认注册手机号码邮箱,填写信息,单击"已发送短信验证,立即注册",如图1-6-7所示。

图1-6-7 注册免费邮箱

4.填入验证码,单击"提交"。

5.收发电子邮件(以QQ邮箱为例)。登录QQ邮箱之后,单击"写信",如图1-6-8所示。

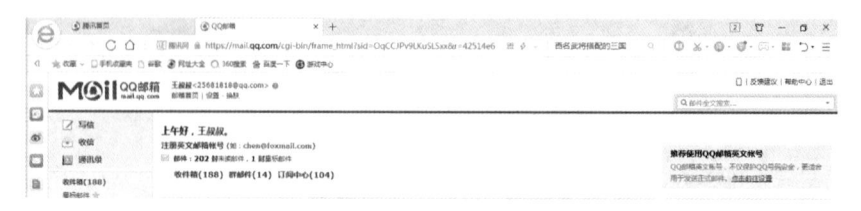

图1-6-8 用QQ邮箱写信

6.输入收件人的邮箱地址,写邮件的主题、正文,单击左下角的"发送",如图1-6-9所示。

图1-6-9 发送邮件

7.如需要发送文件给对方就添加附件,单击"添加附件",在弹出菜单中找到需要发送的文件,单击"打开",如图1-6-10所示。

图1-6-10 添加附件

考纲大纲

1.计算机网络的概念、组成和分类,计算机与网络信息安全的概念和防控。

2.因特网网络服务的概念、原理和应用。

3.了解计算机网络的基本概念和因特网的基础知识,主要包括网络硬件和软件,TCP/IP协议的工作原理,以及网络应用中常见的概念,如域名、IP地址、DNS服务等。

4.能够熟练掌握浏览器、电子邮件的使用和操作。

【考点分析】

[考点1]计算机网络

计算机网络的定义:以能够相互共享资源方式互联起来的自治计算机系统的集合,即分布在不同地理位置的具有独立功能的多个计算机系统,通过通信设备和通信线路相互连接起来,实现数据传输和资源共享的系统。

[考点2]数据通信

数据通信是通信技术和计算机技术相结合的产物。数据通信是指在两台计算机或终端之间以二进制的形式进行信息交换。

[考点3]计算机网络的分类

计算机网络的分类标准有很多种,如依据网络覆盖的地理范围和规模可分为三种:局域网、城域网和广域网。

[考点4]网络拓扑结构

计算机网络拓扑是将构成网络的结点和连接结点的线路抽象成点和线,用几何关系表示网络结构,从而反映出网络中各实体的结构关系。有星形拓扑、环形拓扑、总线型拓扑、树形拓扑、网状拓扑五种基本结构

[考点5]网络硬件

与计算机系统类似,计算机网络系统也由硬件设备和网络软件两部分组成。局域网的组网设备主要有传输介质、网络接口卡、集线器、交换机、无线AP、路由器、调制解调器等。

[考点6]网络软件

计算机网络中的协议是非常复杂的,标准化的网络协议通常都按照结构化的层次方式进行组织。TCP/IP是当前比较流行的商业化协议,是当前的工业标准或事实标准。

[考点7]无线局域网

新一代的无线网络能将计算机相连,可建立无须布线且使用非常自由的无线局域网。在无线局域网的发展中,Wi-Fi具有较高的传输速度、较大的覆盖范围等优点,发挥

了重要作用。针对无线局域网，IEEE(Institute of Electrical and Electronics Engineers，美国电气和电子工程师协会)制定了一系列无线局域网标准，即IEEE 802.11协议。

[考点8]因特网

因特网是通过路由器将世界不同地区、规模大小不一、类型不同的网络相互连接起来的网络，是一个全球性的计算机因特网络。其主要特点是：采用分组交换技术，使用TCP/IP，通过路由器将各个网络互联起来，因特网上的每台计算机都必须给定唯一的IP地址。

[考点9]TCP/IP工作原理

因特网中不同类型的物理网是通过路由器互联在一起的，各网络之间的数据传输采用TCP/IP控制。可以说，TCP/IP是因特网赖以工作的基础。

[考点10]因特网中的客户机/服务器(C/S)体系结构

因特网中常见的C/S结构应用有Telnet远程登录、FTP文件传输服务、DNS域名解析服务等。

[考点11]电子邮件

电子邮件(E-mail)是因特网上使用广泛的一种服务。Internet的电子邮件地址是一串英文字母和特殊符号的组合，由"@"分成两部分，中间不能有空格和逗号。它的一般形式为：Username@hostname。

[考点12]域名

域名(Domain Name)，又称网域，是由一串用点分隔的名字组成的Internet上某一台计算机或计算机组的名称，用于在数据传输时对计算机的定位标识(有时也指地理位置)。由于IP地址具有不方便记忆并且不能显示地址组织的名称和性质等缺点，人们设计出了域名，并通过网域名称系统(DNS,Domain Name System)来将域名和IP地址相互映射，使人更方便地访问互联网，而不用去记住IP地址。

[考点13]IP地址

IP地址(Internet Protocol Address)是指互联网协议地址，又译为网际协议地址。IP地址是IP协议提供的一种统一的地址格式，它为互联网上的每一个网络和每一台主机分配一个逻辑地址，以此来屏蔽物理地址的差异。

任务七 电脑个性化设置

学习目标

1. 会查看计算机名称及调整分辨率。
2. 掌握桌面背景和屏幕保护设置。

学习重点

个性化设置。

学习难点

桌面背景及屏幕保护设置。

任务描述

公司给员工小米配置了一台手提电脑,为了便于使用和管理,小米对电脑进行了一些个性化的设置。

任务分析

查看自己所用计算机的名称,调整分辨率,设置桌面背景及屏幕保护。

活动一：查看计算机名称

操作步骤

1. 右击桌面"此电脑"图标,单击"属性",如图1-7-1所示。

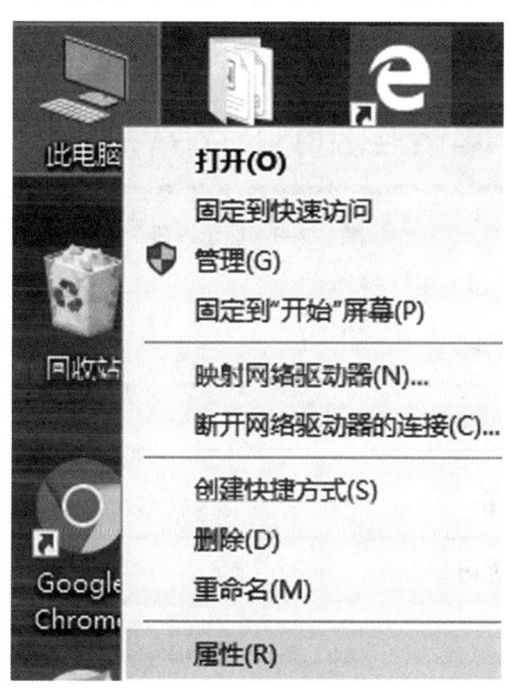

图1-7-1 选择属性

2. 查看计算机名,如图1-7-2所示。

计算机名、域和工作组设置

计算机名： LAPTOP-TB12V29J

计算机全名： LAPTOP-TB12V29J

计算机描述：

工作组： WORKGROUP

图1-7-2 查看计算机名

活动二：调整分辨率

📄 **操作步骤**

1.右击桌面工作区，找到"显示设置"，如图1-7-3所示。

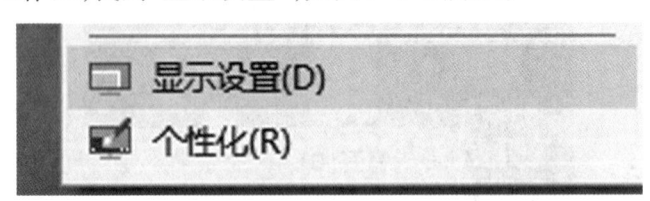

图1-7-3　显示设置

2.单击"显示设置"，如图1-7-4所示。

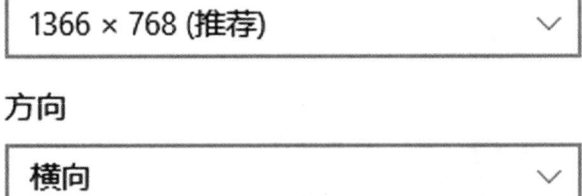

图1-7-4　分辨率

3.选择分辨率，一般选择系统推荐的，如图1-7-5所示。

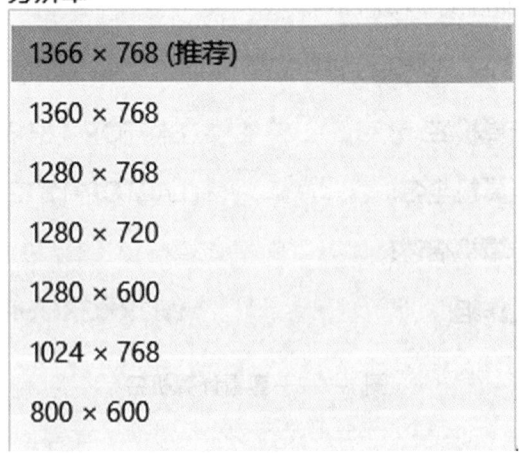

图1-7-5　选择分辨率

活动三：设置桌面背景

操作步骤

1. 右击桌面工作区，单击"个性化"。
2. 单击"选择图片"下方的图片即可，如图1-7-6所示。

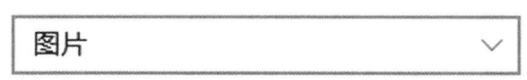

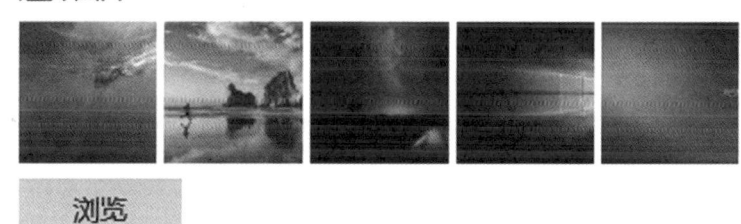

图1-7-6　选择系统默认图片

3. 如果想用自己心仪的图片，则单击"浏览"，找到图片位置，单击选择的图片，再单击"选择图片"即可，如图1-7-7所示。

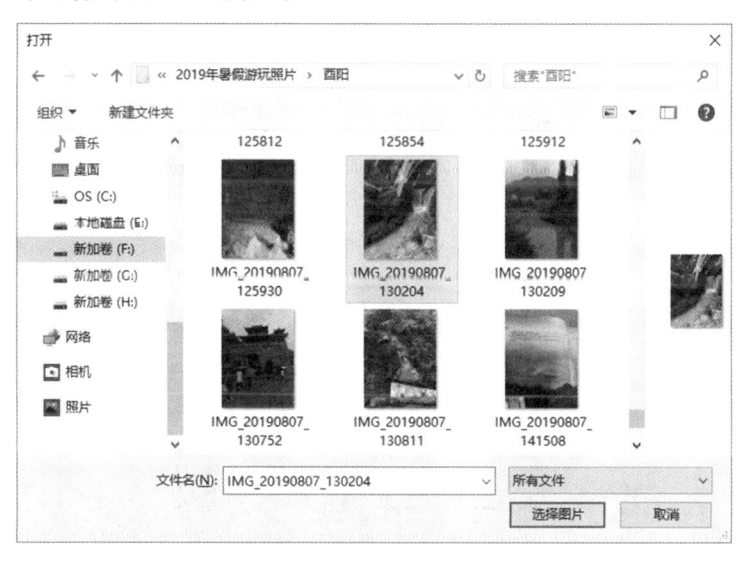

图1-7-7　选择自定义图片

活动四:屏幕保护设置

操作步骤

1. 右击桌面空白处,单击"个性化",打开锁屏界面,如图1-7-8所示。

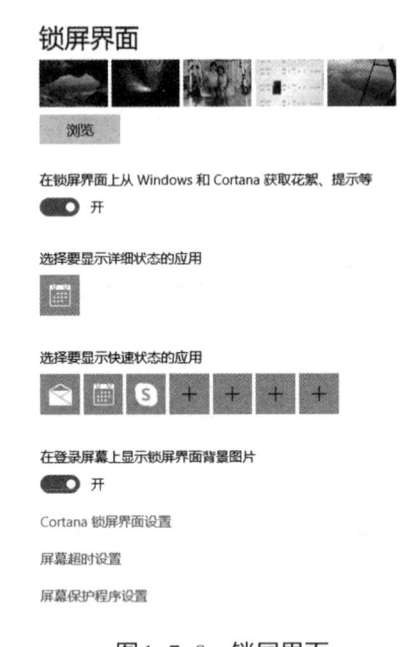

图1-7-8 锁屏界面

2. 打开"屏幕保护程序设置",如图1-7-9所示。

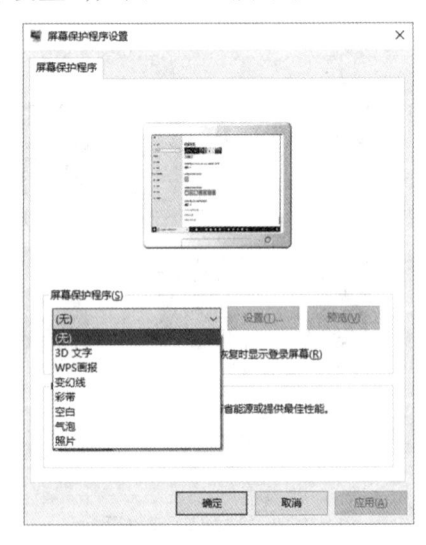

图1-7-9 屏幕保护程序设置

3.选择"彩带","等待"时长为1分钟,如图1-7-10所示。

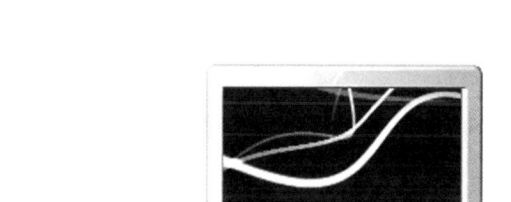

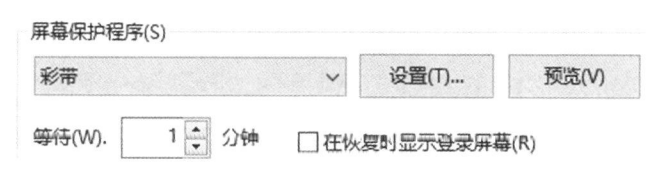

图1-7-10 屏幕保护设置——彩带

4.如果在"屏幕保护程序"下方选项中选择"照片",则按照下列顺序操作:"设置—浏览—选择文件夹—确定—保存",如图1-7-11所示。

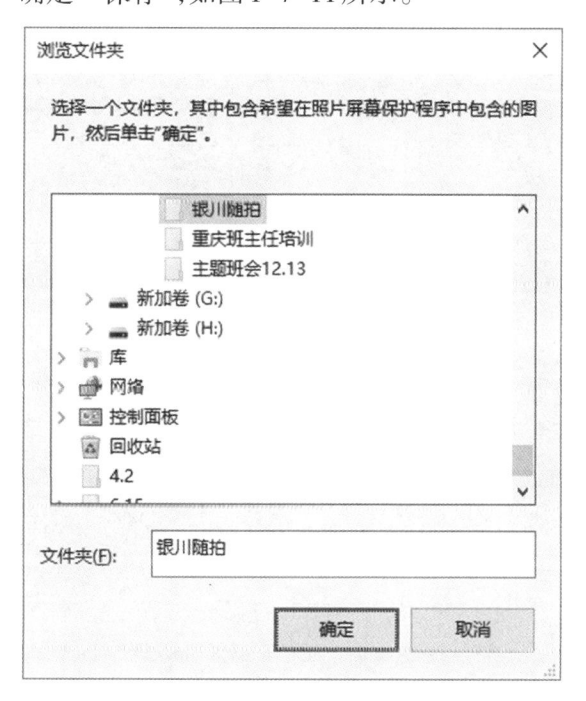

图1-7-11 屏幕保护程序设置——照片

考试大纲

桌面外观的设置,基本的网络配置。

【考点解析】

[考点1]分辨率

分辨率是屏幕图像的精密度,是指显示器所能显示的像素有多少。由于屏幕上的点、线和面都是由像素组成的,显示器可显示的像素越多,画面就越精细,同样的屏幕区域内能显示的信息也越多,所以分辨率是个非常重要的性能指标。

[考点2]背景图片

背景图片可以根据大小和分辨率来做相应调整。它让我们的电脑看起来更好看,更漂亮,更有个性。

[考点3]屏幕保护

屏幕保护是为了保护显示器而设计的一种专门的程序。设计的初衷是为了防止电脑因无人操作而使显示器长时间显示同一个画面,导致屏幕式旧式阴极射线屏的荧光粉老化而缩短显示器寿命。

任务八　个人资料管理

学习目标

1. 会新建、重命名文件夹。
2. 能进行文件或文件夹的复制、移动、删除等操作。
3. 能查看磁盘、文件夹和文件的属性。

学习重点

文件及文件夹的基本操作。

学习难点

个人资料的分类管理。

任务描述

幼儿园教师小花,为方便以后查找资料,需要在电脑E盘建立和管理个人文件夹。

任务分析

能进行文件夹的新建、重命名,对文件或文件夹进行复制、移动、删除操作,查看和管理电脑的文件资料。

操作步骤

1. 管理文件夹。构思自己文件夹的构成,画出文件夹结构,如图1-8-1所示。

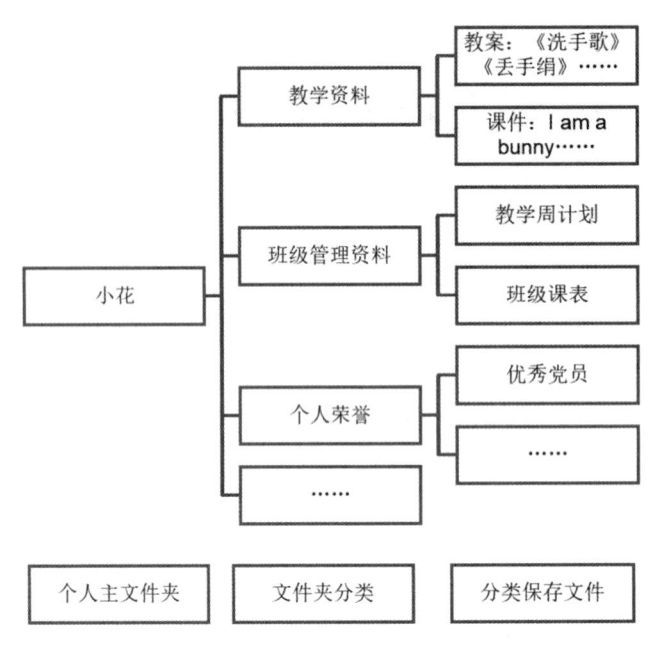

```
                    ┌─────────────┬──── 教案：《洗手歌》
                    │  教学资料    │      《丢手绢》……
                    │             └──── 课件：I am a
                    │                    bunny……
                    │
                    │             ┌──── 教学周计划
          ┌── 小花 ──┤ 班级管理资料 │
                    │             └──── 班级课表
                    │
                    │             ┌──── 优秀党员
                    │  个人荣誉    │
                    │             └──── ……
                    │
                    └── ……
```

┌─────────────┐   ┌─────────────┐   ┌─────────────┐
│ 个人主文件夹 │   │ 文件夹分类   │   │ 分类保存文件 │
└─────────────┘   └─────────────┘   └─────────────┘

图 1-8-1　文件夹结构

2.新建文件夹。

(1)打开 E 盘。

(2)在主页选项卡中单击"新建文件夹"，如图 1-8-2 所示。还可以采用快捷键"Ctrl+Shift+N"新建文件夹。

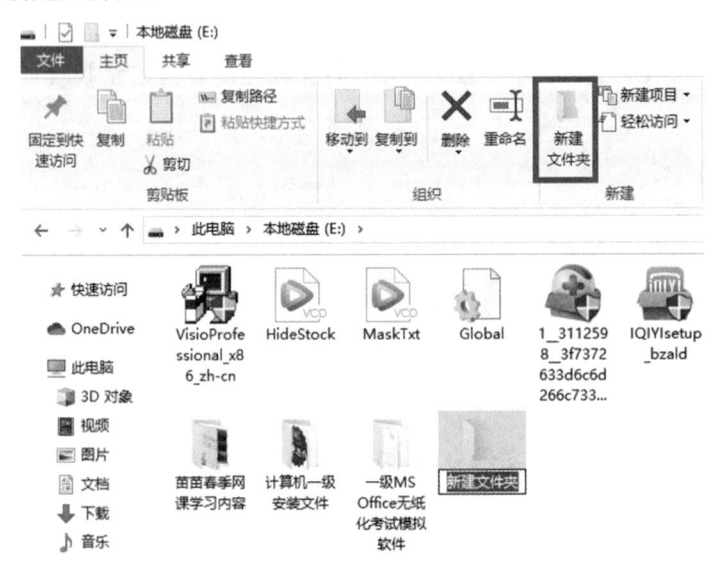

图 1-8-2　新建文件夹

3.重命名文件夹。

(1)选定要命名的文件夹,右击鼠标,单击"重命名",如图1-8-3所示。还可以采用功能键"F2"进行重命名。

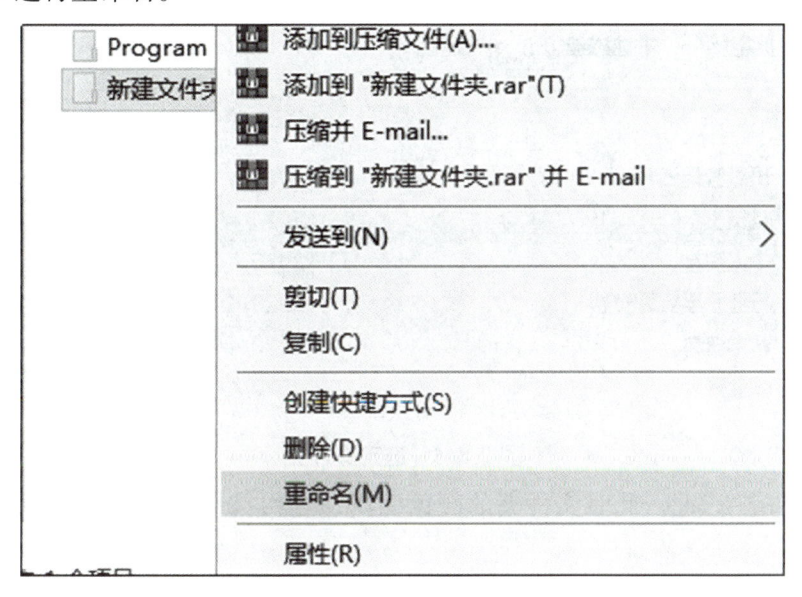

图1-8-3　重命名文件夹

(2)输入要重命名的名称,如图1-8-4所示。

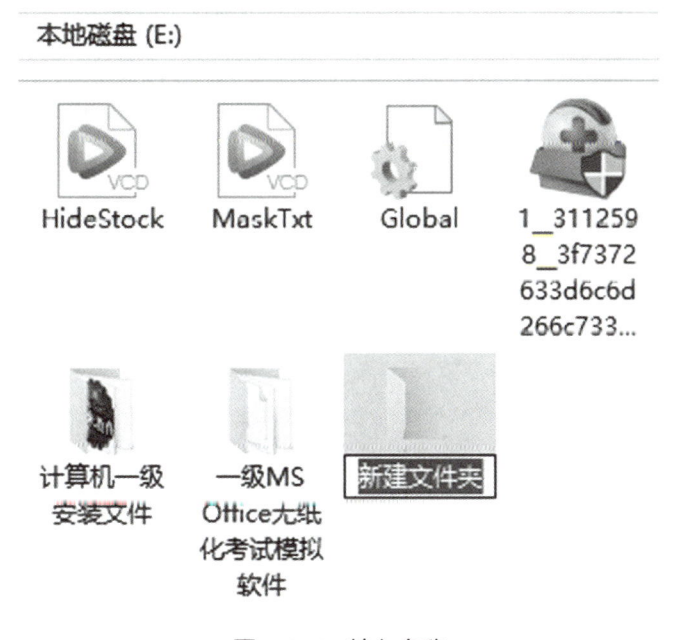

图1-8-4　输入名称

(3)回车完成重命名。

4.移动文件夹。

(1)单击选定要移动的文件夹,如图1-8-5所示。

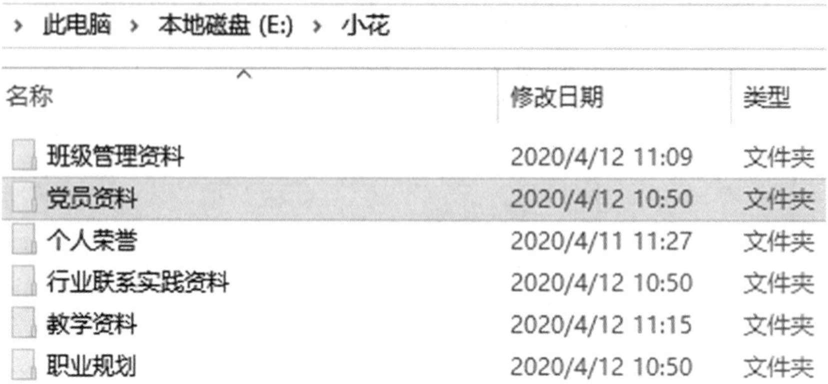

```
> 此电脑 > 本地磁盘 (E:) > 小花

名称                        修改日期              类型
班级管理资料                2020/4/12 11:09      文件夹
党员资料                    2020/4/12 10:50      文件夹
个人荣誉                    2020/4/11 11:27      文件夹
行业联系实践资料            2020/4/12 10:50      文件夹
教学资料                    2020/4/12 11:15      文件夹
职业规划                    2020/4/12 10:50      文件夹
```

图1-8-5　选定文件夹

(2)按"Ctrl+X"键。此时文件夹的颜色变浅,如图1-8-6所示。也可以采用鼠标拖动的方法进行移动。

```
名称                        修改日期              类型
班级管理资料                2020/4/12 10:55      文件夹
党员资料                    2020/4/12 10:50      文件夹
个人荣誉                    2020/4/11 11:27      文件夹
行业联系实践资料            2020/4/12 10:50      文件夹
教学资料                    2020/4/12 10:54      文件夹
职业规划                    2020/4/12 10:50      文件夹
```

图1-8-6　移动文件夹

(3)找到目标位置,按下"Ctrl+V"键,移动操作完成。

5.复制文件夹。

(1)单击选定要复制的文件夹。

(2)在主页选项卡中单击"复制"命令,如图1-8-7所示。也可以采用快捷键"Ctrl+C"进行复制。

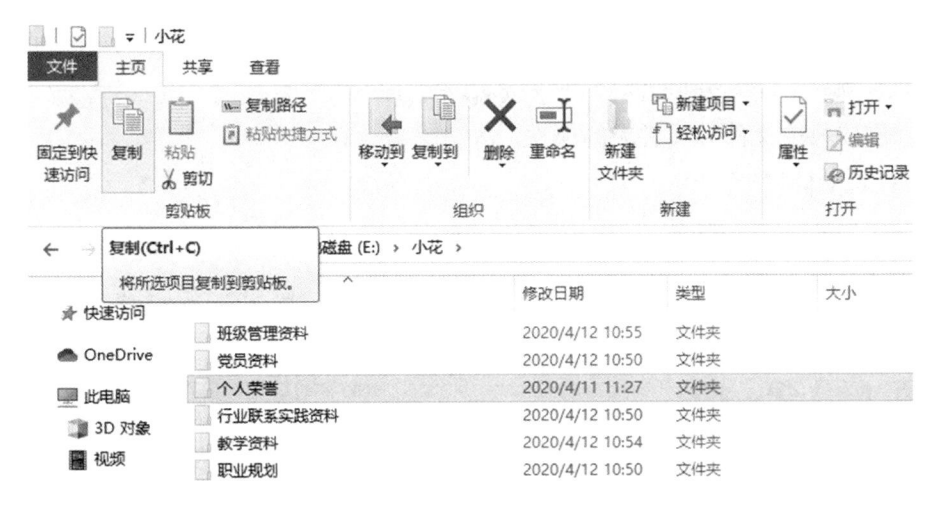

图1-8-7 复制文件夹

(3)打开目标盘,单击"粘贴"命令,或按"Ctrl+V"键,复制完成。

6.删除文件。

(1)单击选定要删除的文件。

(2)右击鼠标,单击"删除"命令,如图1-8-8所示。也可以采用快捷键"Delete"进行删除。

图1-8-8 删除文件

如果需要永久删除文件或文件夹,则需要使用组合键"Shift+Delete"。文件或文件夹会被直接删除,不会移到回收站,且不能还原。

7.查看或修改文件和文件夹的属性。

(1)查看文件属性。

①单击选定查看的文件。

②主页选项卡里单击"属性"命令,如图1-8-9所示。也可以采用快捷键"Alt+Enter"进行查看。

图1-8-9 主页查看

③查看文件属性,如图1-8-10所示。

图1-8-10 查看文件属性

④单击"确定"按钮关闭属性卡。

（2）修改文件夹属性。

①选定要修改属性的文件夹，右击，单击"属性"，如图 1-8-11 所示。也可以采用主页选项卡中的属性进行修改。

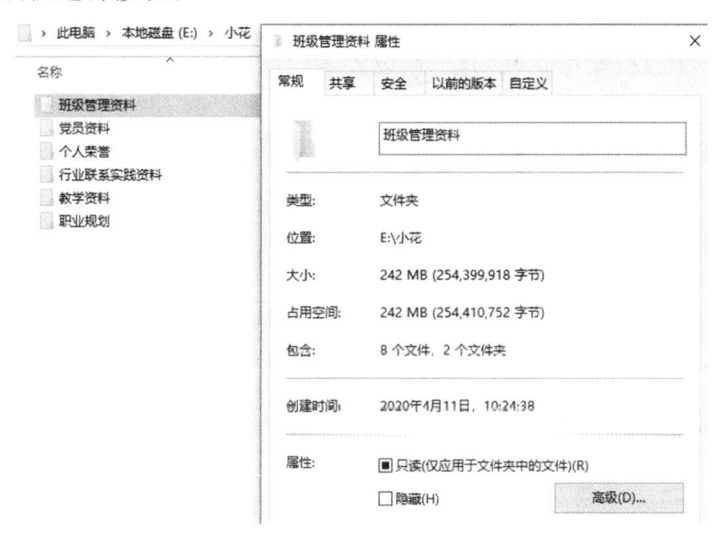

图 1-8-11　只读属性

②选择"隐藏"，也可以选择其他属性，单击"高级"选项，勾选"可以存档文件夹"，单击"确定"，如图 1-8-12 所示。

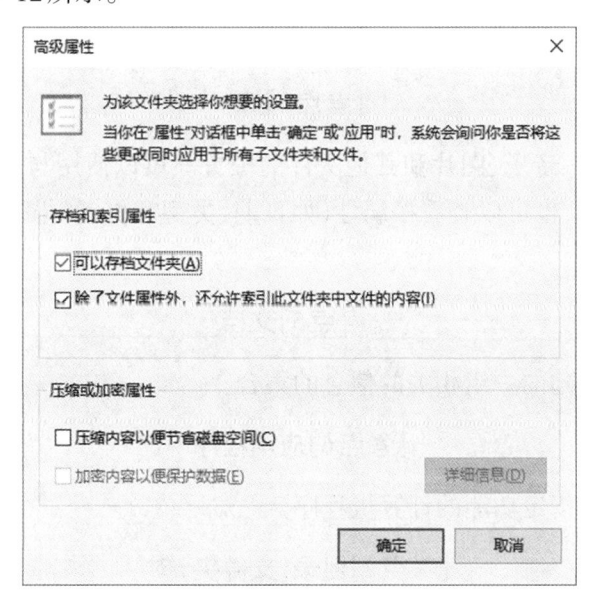

图 1-8-12　修改属性

考试大纲

1. 操作系统的基本概念、功能、组成与分类。
2. Windows操作系统的基本概念和常用术语,文件、文件夹、库等。
3. 熟练掌握资源管理器的操作与应用。
4. 掌握文件、磁盘、显示属性的查看、设置等操作。
5. 掌握检索文件、查询程序的方法。
6. 了解软、硬件的基本系统工具。

【考点解析】

[考点1]操作系统

操作系统是管理计算机硬件与软件资源的计算机程序,同时也是计算机系统的内核与基石,提供让用户与系统交互的操作界面。

[考点2]文件

文件是指记录在存储介质上的一组相关信息的集合,文件是Windows中最基本的存储单位。

[考点3]文件夹

在计算机中,用来协助人们管理一组相关文件的集合称为文件夹。

[考点4]库

库用于管理文档、音乐、图片和其他文件的位置。可以使用与在文件夹中浏览文件相同的方式浏览文件,也可以查看按属性(如日期、类型和作者)排列的文件。在某些方面,库类似于文件夹。

[考点5]文档

由应用程序所创建的一组相关的信息的集合。

[考点6]应用程序

应用程序是完成指定功能的计算机程序。

[考点7]目录(文件夹)树

目录(文件夹)树是一种上下层次分明的组织结构。顶级是根目录。

[考点8]路径

路径是计算机中描述文件位置的逻辑地址。

[考点9]盘符

盘符是DOS、Windows系统对于磁盘存储设备的标识符。一般使用26个英文字符加上一个冒号来标识。由于历史的原因,早期的PC机一般装有两个软盘驱动器,所以,"A:"和"B:"这两个盘符就用来表示软驱,早期的软盘尺寸有8英寸、5英寸、3.5英寸等。而硬盘设备就是从盘符"C:"开始,一直到"Z:"。对于Unix,Linux系统来说,则没有盘符的概念,但是目录和路径的概念是相同的。

[考点10]文件资源管理器

文件资源管理器是一项系统服务,负责管理数据库、持续消息队列或事务性文件系统中的持久性或持续性数据。文件资源管理器存储数据并执行故障恢复。旧版本的Windows把"文件资源管理器"叫作"资源管理器"。

[考点11]文件属性

文件属性是指将文件分为不同类型的文件,以便存放和传输。它定义了文件的某种独特性质。常见的文件属性有系统属性、隐藏属性、只读属性和归档属性。

[考点12]磁盘文件分配表格式FAT32

随着大容量硬盘的出现,从Windows 98开始,FAT32文件分配表格式开始流行。它是FAT16的增强版本,可以支持大到2 TB(2048 GB)的分区。FAT32使用的簇比FAT16小,从而有效地节约了硬盘空间。

[考点13]磁盘文件分配表格式NTFS

这是微软Windows NT内核的系列操作系统支持的,一个特别为网络和磁盘配额,文件加密等管理安全特性设计的磁盘格式。随着以NT为内核的Windows 2000/XP系统的普及,很多个人用户开始用到了NTFS。NTFS也是以簇为单位来存储数据文件,但NTFS中簇的大小并不依赖于磁盘或分区的大小。簇尺寸的缩小不但减少了磁盘空间的浪费,还减小了产生磁盘碎片的可能。NTFS支持文件加密管理功能,可为用户提供更高层次的安全保证。

任务九 软件安装与使用

学习目标

1. 能下载杀毒软件。
2. 会杀毒软件的安装。
3. 会熟练运用杀毒软件。

学习重点

能自行下载、安装及使用杀毒软件。

学习难点

下载、使用杀毒软件。

任务描述

小米的电脑运行速度突然很慢,还经常死机,可能需要查杀计算机病毒。

任务分析

检查电脑,发现电脑感染计算机病毒,了解杀毒软件后,下载并安装360安全卫士,对电脑进行全面杀毒处理。

活动一:下载、安装杀毒软件

操作步骤

1.打开IE浏览器,输入百度网址,在搜索窗口中输入"360安全卫士"。

2.单击"百度一下"显示搜索内容,如图1-9-1所示。

图1-9-1 杀毒软件

3.在360官网找到360安全卫士下载包,单击"立即下载"。
4.选择下载位置,下载到E盘,如图1-9-2所示。

图1-9-2 保存位置

5.记住保存位置,等待下载完毕,双击下载的安装软件,单击"同意并安装"。
6.电脑自行安装,等待安装完成。

活动二:使用杀毒软件

操作步骤

1.电脑体检。
(1)双击桌面快捷方式,打开360安全卫士,单击"我的电脑"选项卡。
(2)单击"一键修复",如图1-9-3所示,选择立即体检。

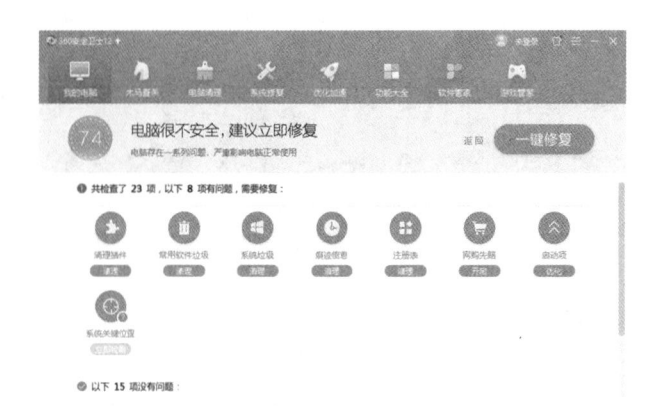

图1-9-3　扫描结果

（3）360自动扫描完成后，根据建议进行操作，完成所有操作后单击"完成"，如图1-9-4所示，完成电脑修复。

图1-9-4　修复完成

2.木马查杀

（1）打开360安全卫士，单击"木马查杀"，选择"快速查杀"，如图1-9-5所示。

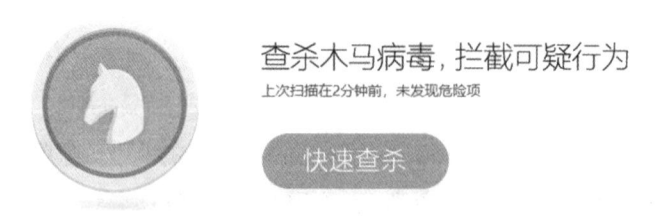

图1-9-5　木马查杀

（2）扫描完成后，选择"一键处理"，如图1-9-6所示。

图1-9-6　一键处理

（3）处理成功，选择"好的，立刻重启"或者"稍后我自行重启"即可，如图1-9-7所示。

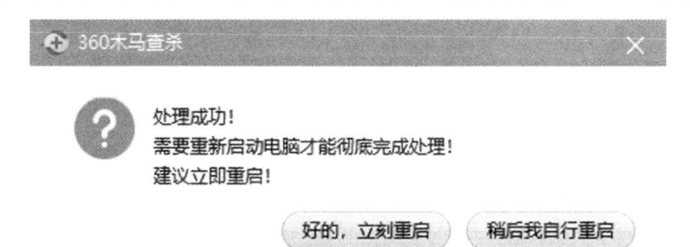

图1-9-7　处理成功

3.电脑垃圾清理

（1）打开360安全卫士，单击"电脑清理"，选择"全面清理"，如图1-9-8所示。

图1-9-8　全面清理

(2)扫描完成,选择"一键清理",如图1-9-9所示。

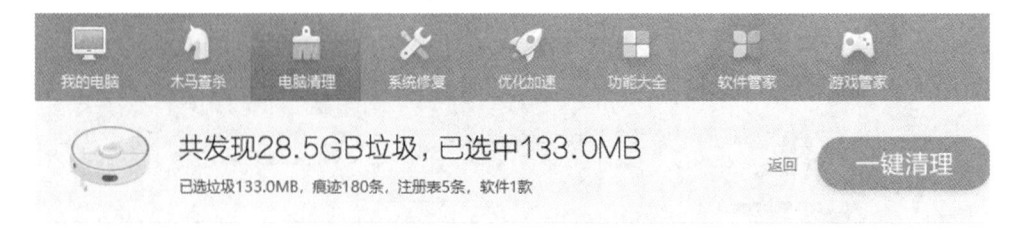

图1-9-9　一键清理

(3)清理完成后,勾选下方需要深度清理的项目,选择"深度清理",如图1-9-10所示。

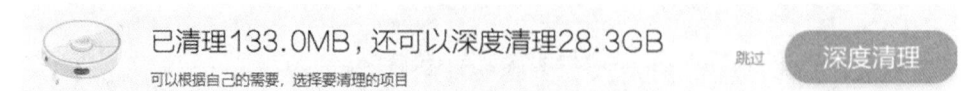

图1-9-10　深度清理

(4)清理完成,选择"暂不添加",如图1-9-11所示。

图1-9-11　清理完成

4.系统修复

(1)打开360安全卫士,单击"系统修复",选择"全面修复",如图1-9-12所示。

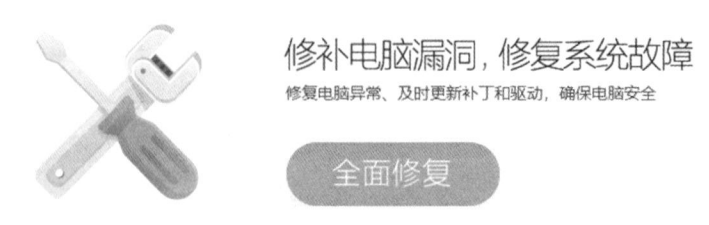

图1-9-12　全面修复

(2)扫描完成,单击"完成修复",如图1-9-13所示。

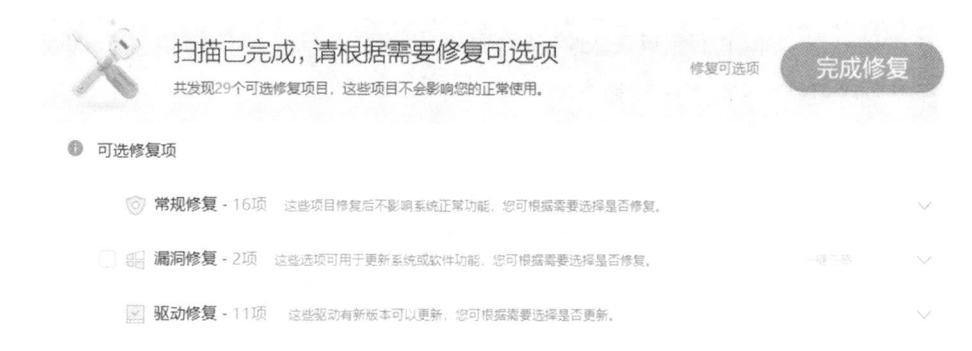

图1-9-13　扫描完成

(3)等待电脑自动修复,完成修复后单击"返回",如图1-9-14所示。

图1-9-14　完成修复

考试大纲

计算机病毒的概念、特征、分类与防治。

【考点解析】

[考点1]计算机病毒的概念

计算机病毒是指编制或者在计算机程序中插入的破坏计算机功能或者毁坏数据,影响计算机使用,并能自我复制的一组计算机指令或者程序代码。

[考点2]病毒的特征

寄生性、传染性、潜伏性、隐蔽性、破坏性、可触发性等。

[考点3]病毒的分类

计算机病毒按存在的媒体可分为引导型病毒、文件型病毒和混合型病毒3种;按链接方式可分为源码型病毒、嵌入型病毒和操作系统型病毒3种;按计算机病毒攻击的系统分为攻击DOS系统病毒、攻击Windows系统病毒、攻击Linux系统的病毒。

[考点4]病毒的防治

1.安装最新的杀毒软件,每天升级杀毒软件病毒库,定时对计算机进行病毒查杀,上网时要开启杀毒软件的全部监控。

2.不要执行从网络下载后未经杀毒处理的软件等,不要随便浏览或登录陌生的网站。

3.培养自觉的信息安全意识,在使用移动存储设备时,尽可能不要共享设备。

4.使用Windows Update或受微软认证的杀毒工具(如360安全卫士,腾讯电脑管家)补全系统补丁,同时,将应用软件升级到最新版本。

任务十　玩转多媒体

学习目标

1. 了解多媒体技术及其软件的应用与发展。
2. 了解多媒体文件的格式。
3. 会获取文本、图像、音频、视频等常用多媒体素材。
4. 会使用软件对文件、图片、音频、视频文件进行简单编辑加工。
5. 能够使用软件进行简单的音视频剪辑转码。

学习重点

图像处理,音视频处理。

学习难点

图像处理,音视频处理。

任务描述

公司召开年度工作总结会,小杨是公司的办公文员,负责准备会议需要的音乐,处理会议照片,以及会后剪辑视频。

任务分析

在会议之前下载需要的背景音乐,进行基本编辑;会议照片的整理与简单的处理;会后录像的简单剪辑和使用。

活动一:会议音乐准备与剪辑(以Cool Edit Pro为例)

操作步骤

1.打开音乐软件(如酷狗)选择想要的会议音乐,单击下载,将音乐保存到自己的电脑中。

2.剪辑音乐。

(1)打开Cool Edit Pro,选择左上角"多音轨编辑",如图1-10-1所示。

图1-10-1　打开Cool Edit Pro软件

(2)在"文件"处打开音乐所在文件夹。

(3)拖动音乐文件到音轨处,如图1-10-2所示。

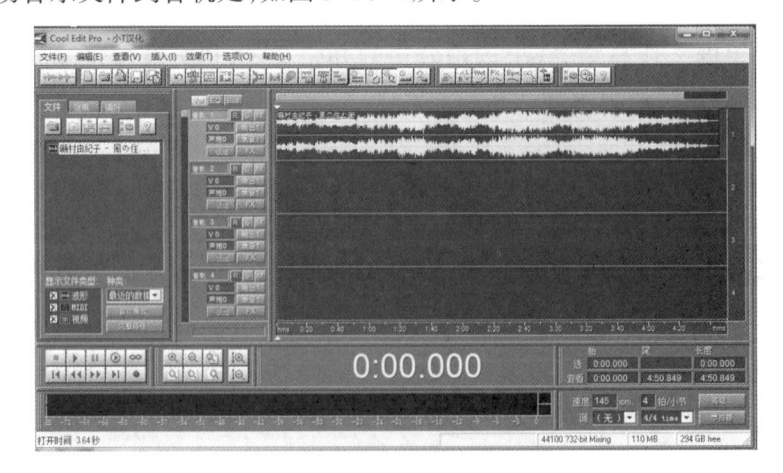

图1-10-2　拖动音乐文件到音轨

(4)拖动线条到想要分割的位置,单击上方"小剪刀"分割,如图1-10-3所示。

图1-10-3 剪断音乐

(5)按住鼠标左键可拖动音轨,如图1-10-4所示。

图1-10-4 移动音乐片段

(6)单击右键,单击"移除音轨"删除不需要的音轨。

(7)单击"合并/分割组合"可合并前后两个音轨,如图1-10-5所示。

图1-10-5 合并音乐片段

(8)单击"混缩为文件",使编辑好的音轨形成文件,如图1-10-6所示。

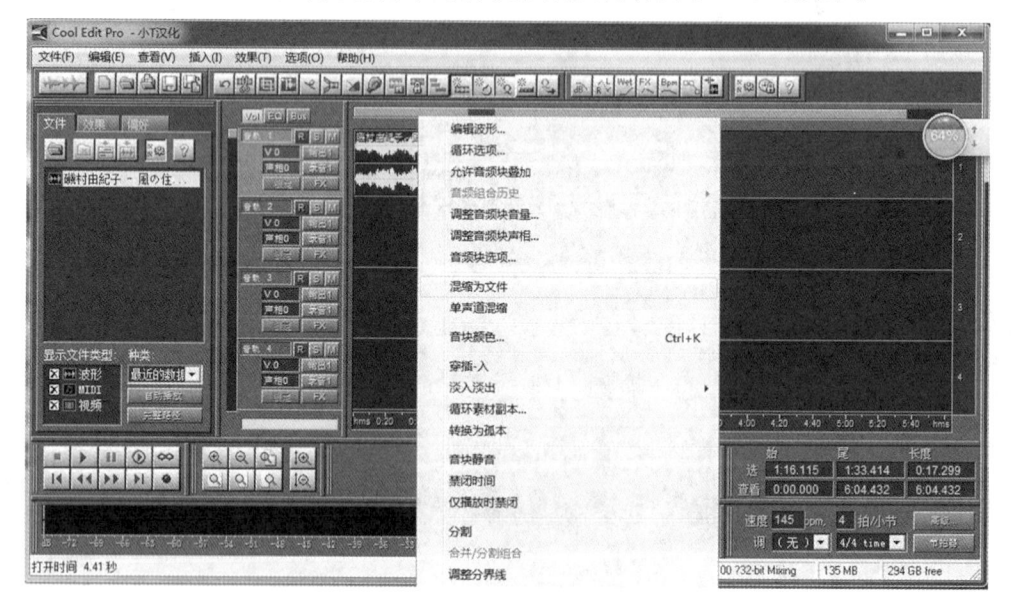

图1-10-6 混缩为文件

3.导出音轨。

(1)单击左上方"保存多轨工程"生成文件,如图1-10-7所示。

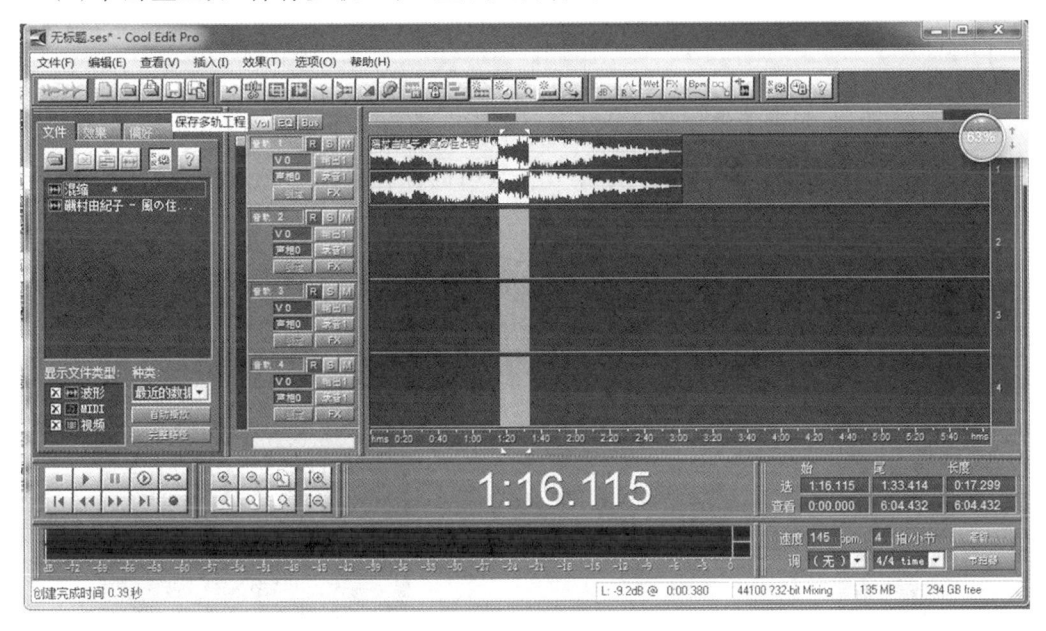

1-10-7 保存多轨工程1

(2)编辑音乐保存位置、文件名和保存类型,如图1-10-8所示。

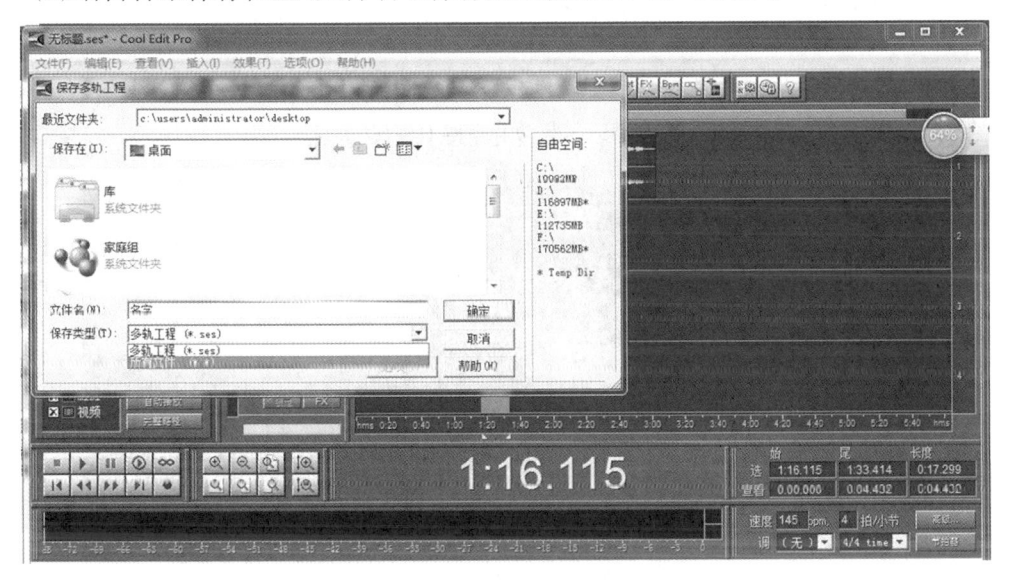

1-10-8 保存多轨工程2

活动二：会议照片剪切（以光影魔术手为例）

操作步骤

1.打开网页，在搜索引擎里输入"光影魔术手"，搜索并下载、安装光影魔术手。

2.打开光影魔术手软件，单击"打开"，找到自己保存会议照片的位置，选择"打开"，如图1-10-9所示。

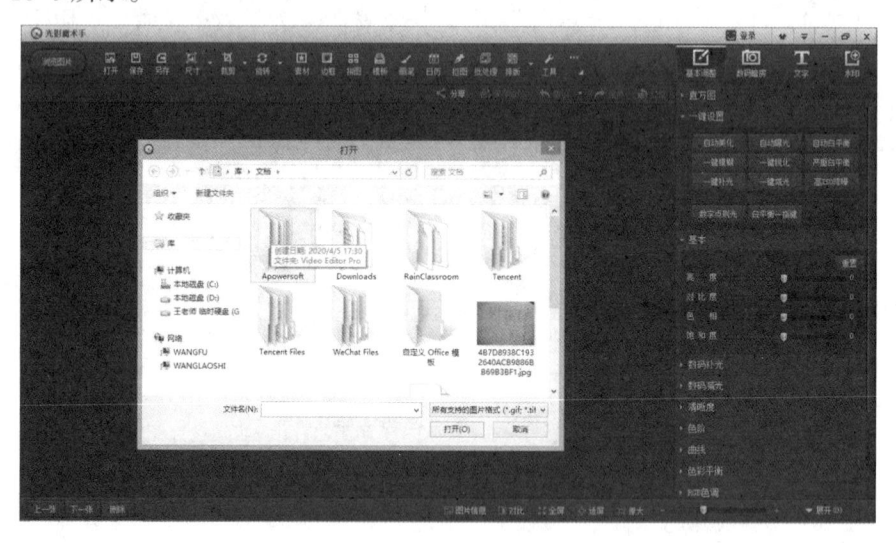

图1-10-9　打开会议照片

3.单击"裁剪"，选择合适的裁切区域，如图1-10-10所示。

图1-10-10　裁剪会议照片

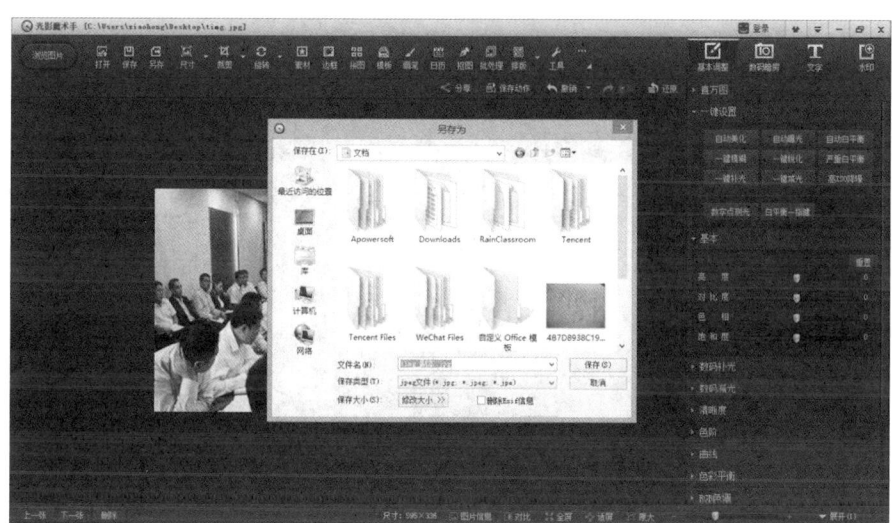

4.单击"另存为",找到文件保存位置,单击"保存",如图1-10-11所示。

图1-10-11 保存文件

5.完成文件保存,可以体验光影魔术手的其他操作。

活动三:会议视频剪辑(以视频编辑王为例)

操作步骤

1.打开网页,搜索"视频编辑王",下载并安装。

2.视频编辑。

(1)打开视频编辑王软件,从文档中导入待编辑视频,如图1-10-12所示。

图1-10-12 打开"视频编辑王"

(2)将视频拖入轨道中开始编辑,如图1-10-13所示。

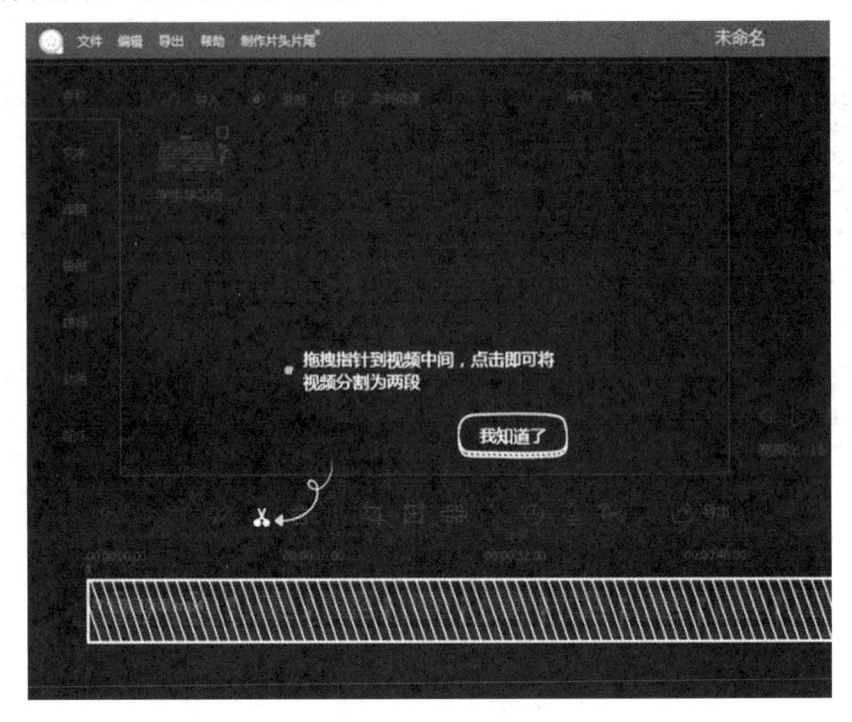

图1-10-13　视频载入

(3)单击"文字",下载片头素材,并用同样方式拖到轨道中,如图1-10-14所示。

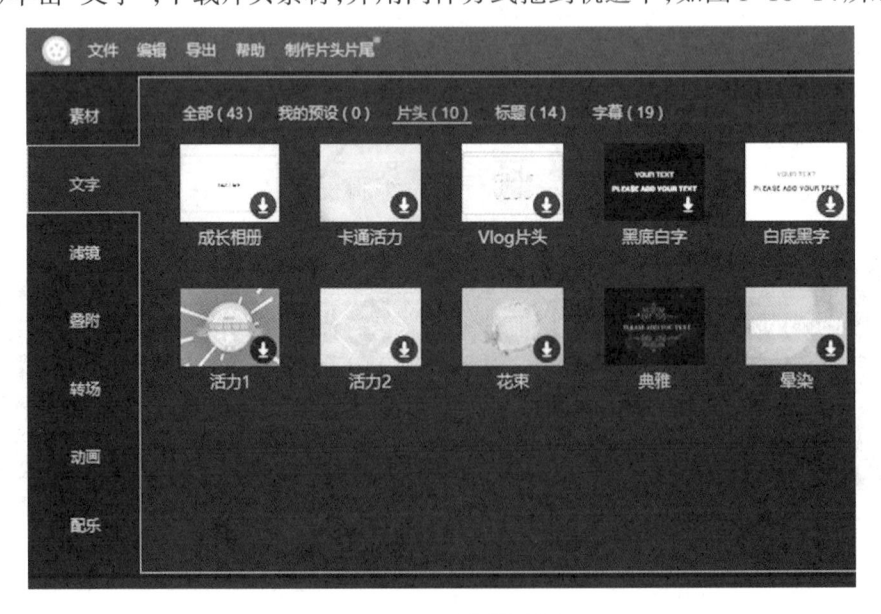

图1-10-14　字幕选择

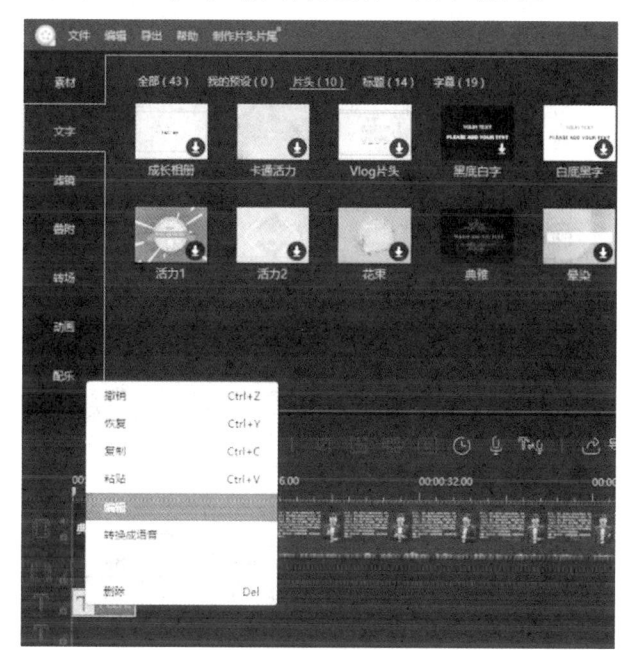

(4)在"T"字母所在轨道处单击鼠标右键选择"编辑",如图1-10-15所示。

图1-10-15 字幕编辑

(5)在"基本设置"处编辑字体、尺寸等,如图1-10-16所示。

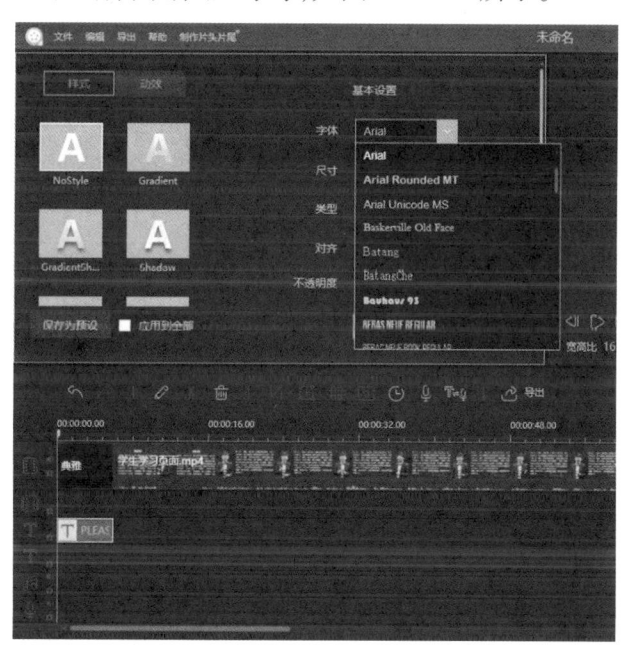

图1-10-16 字幕设置

(6)拖动线条到想要切割的位置,单击上方小剪刀分割成两个视频段,如图1-10-17所示。

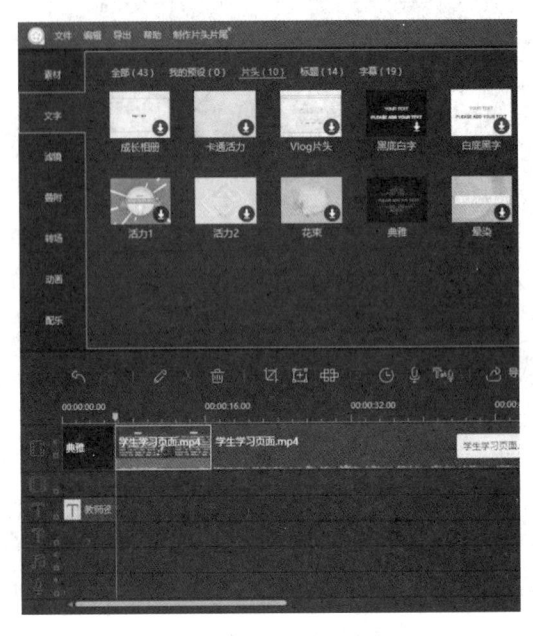

图1-10-17　剪切视频

(7)单击右键选择"删除",删去不需要的视频段,如图1-10-18所示。

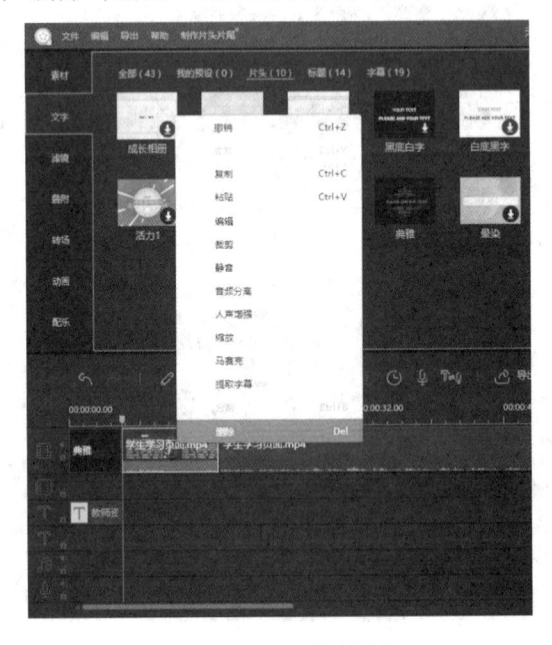

图1-10-18　删除视频

(8)或切割后在"转场"处选择适合的素材,拖到轨道中两视频段之间,如图1-10-19所示。

图1-10-19　增加转场

(9)在"配乐"处选择合适的音乐,拖动至乐符开头的轨道处,作为该视频的背景音乐,如图1-10-20所示。

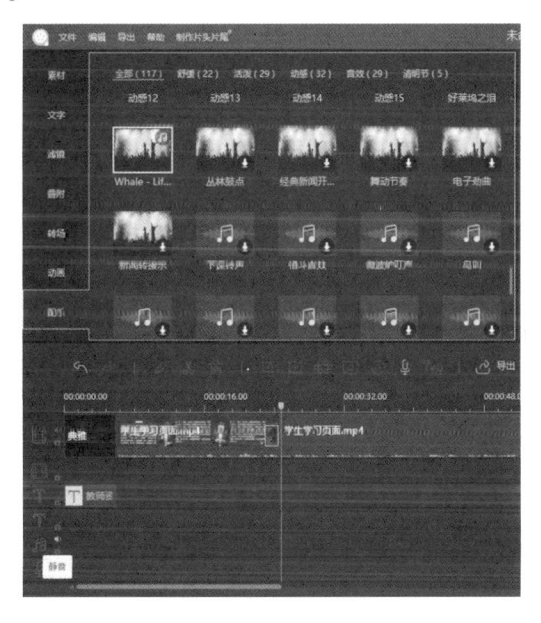

图1-10-20　增加片头音乐

3.导出视频。

选择需导出的文件格式,编辑视频名称,设置输出目录,单击右下方"导出"即可,如图1-10-21所示。

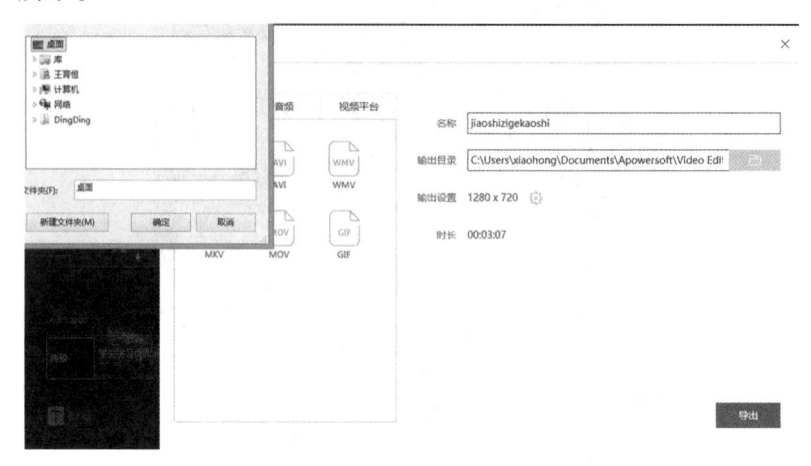

图1-10-21　导出视频

考试大纲

多媒体技术的概念。

【考点解析】

[考点1] 多媒体技术

多媒体技术是指能够同时对两种或两种以上媒体进行采集、操作、编辑、存储等综合处理的技术。多媒体有如下特性:集成性、交互性、多样性、实时性。

[考点2]声音文件格式

WAV文件称为波形文件,以".wav"作为文件的扩展名。

MIDI文件,规定了乐器、计算机音乐合成器以及其他电子设备之间交换音乐信息的一组标准。它以".mid"".rmi"等作为文件的扩展名。

其他文件。VOC文件是声霸卡使用的音频文件格式,以".voc"作为文件的扩展名。AIF文件是苹果机的音频文件格式,以".aif"作为文件的扩展名。

[考点3]图像文件格式

BMP文件：Windows采用的图像文件存储格式。

GIF文件：联机图形交换使用的一种图像文件格式。

TIFF文件：二进制文件格式。

PNG文件：图像文件格式。

WMF文件：绝大多数Windows应用程序都可以有效处理的格式。

DXF文件：一种向量格式。

[考点4]视频文件格式

AVI文件：Windows操作系统中无压缩的视频格式。

MOV文件：QuickTime在Windows平台进行视频处理所采用的格式。

[考点5]文本格式：

TXT文件：TXT是纯文本格式文件，是最常见的一种文件格式。

DOC文件：DOC文件属于微软Word默认文件类型，是Word 2003及之前的格式。

DOCX文件：DOCX是Word 2007及以上版本的文件格式。

Word 文字处理

模块二

学习导航

■ 任务一:美化小诗一首(2课时)

　　知识点:文档的基本操作,字体格式设置

■ 任务二:制作会议通知函(2课时)

　　知识点:段落格式设置,页面格式设置

■ 任务三:制作商场双节活动策划书(2课时)

　　知识点:分栏,首字下沉,页眉,页脚,页码,打印预览

■ 任务四:制作晚会节目单(2课时)

　　知识点:项目符号和编号,边框底纹

■ 任务五:制作菜谱封面(2课时)

　　知识点:艺术字

■ 任务六:制作购物节宣传单(2课时)

　　知识点:文本框

■ 任务七:制作主题电子小报(2课时)

　　知识点:图片、自选图形、文本框

■ 任务八:制作应聘人员信息登记表(2课时)

　　知识点:表格

■ 任务九:制作面试通知书(2课时)

　　知识点:邮件合并

■ 任务十:打印面试通知书(2课时)

　　知识点:打印机设置、文档打印

任务一　美化小诗一首

学习目标

1. 掌握 Word 2019 软件打开及关闭等基本操作。
2. 掌握 Word 2019 文档新建、修改、保存等基本操作。
3. 能熟练进行字体格式设置,包括字体、字号、颜色、加粗、倾斜等格式设置。

学习重点

字体格式设置。

学习难点

个性化作品设计。

任务描述

丽莎教师明天要给同学们讲解诗《踏莎行》,她希望自己能用Word把这首诗进行格式美化,让同学们有赏心悦目的感觉。

任务分析

利用字体设置工具完成字体格式设置。

操作步骤

1. 双击桌面快捷按钮,启动 Word 2019 应用程序。单击"文件",选择"新建",选择空白文档,建立一个空白 Word 文档。

2.在工作区输入下列文字:

　　　　踏莎行——郴州旅舍　秦观

　　　　雾失楼台,月迷津渡,桃源望断无寻处。

　　　　可堪孤馆闭春寒,杜鹃声里斜阳暮。

　　　　驿寄梅花,鱼传尺素,砌成此恨无重数。

　　　　郴江幸自绕郴山,为谁流下潇湘去?

3.文字格式设置。

(1)选中题目,单击"开始"功能选项卡,在"字体"功能区,选中"华文中宋""深蓝""小二",如图2-1-1所示。

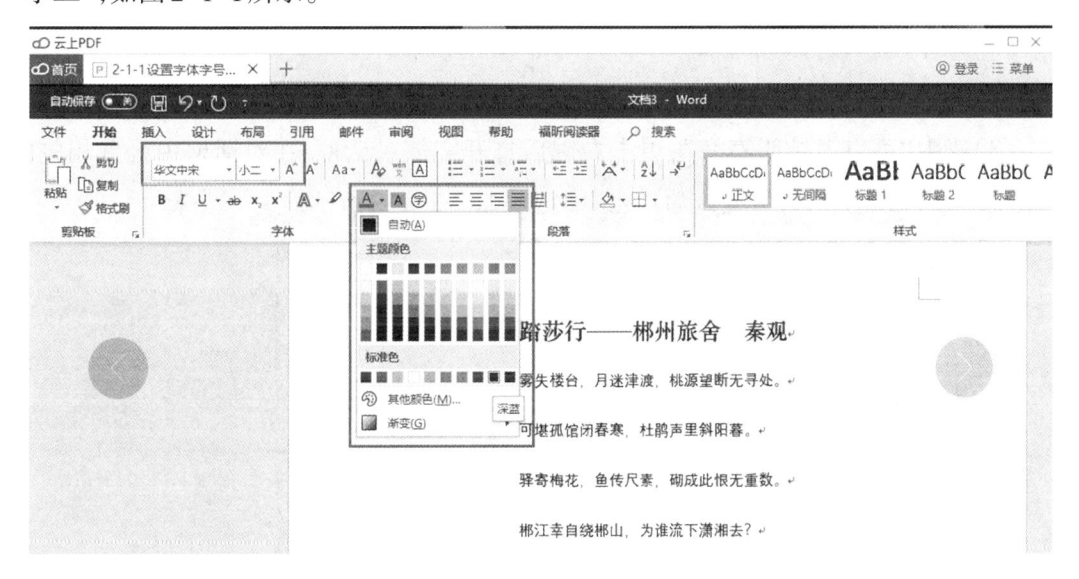

图2-1-1　设置字体、字号、颜色

(2)按下鼠标左键选中第一句,在字体工具栏中设置"宋体""红色""四号";按下鼠标左键选中第二句,在字体工具栏中设置"隶书""橙色""三号";在第三行前单击鼠标左键选中第三句,在字体工具栏中设置"华文仿宋""黑色""四号";在第四行前单击鼠标左键选中第四句,在字体工具栏中设置"方正姚体""绿色""小四号"。

(3)选中"雾失楼台",单击字体功能区中"加粗"按钮。选中"月迷津渡",单击功能区"倾斜"按钮,设置倾斜字体格式。选中"桃源望断无寻处",单击功能区"下划线"按钮,设置下划线,如图2-1-2所示。

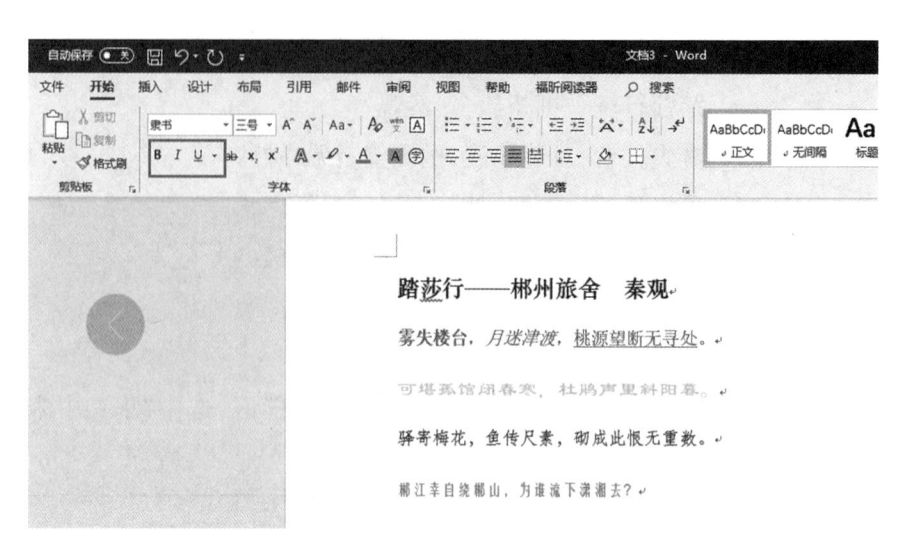

图 2-1-2　设置加粗、倾斜、下划线

（4）选中"可堪孤馆闭春寒"，单击右键后打开字体对话框，在对话框中设置相应的下划线样式和颜色等，设置完成后单击"确定"，如图 2-1-3 所示。

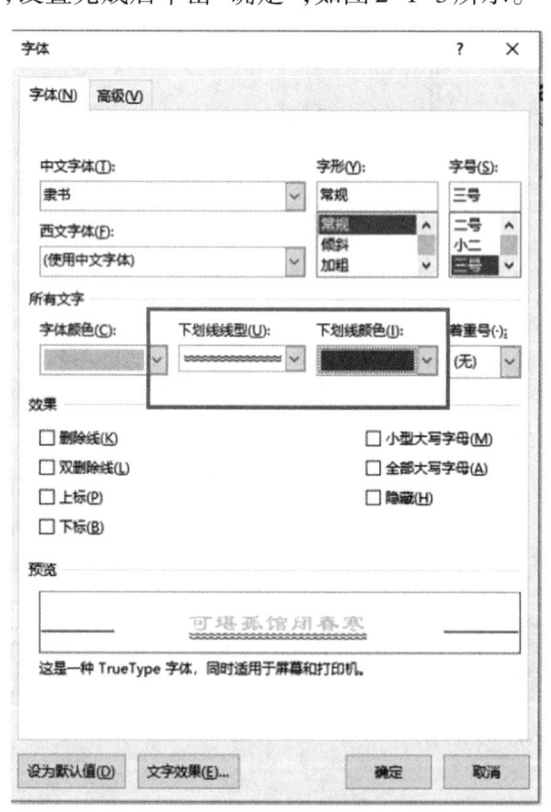

图 2-1-3　字体对话框的使用

(5)选中文本"杜鹃声里斜阳暮",在字体对话框中,单击着重号的下拉菜单,加上着重符号。选中"驿寄梅花",在字体对话框中,单击"双删除线效果"前的复选框,为其添加双删除线效果。

(6)在字体功能区,在"文本效果与版式"按钮的下拉菜单中为"鱼传尺素"设置深红色轮廓,如图2-1-4所示。

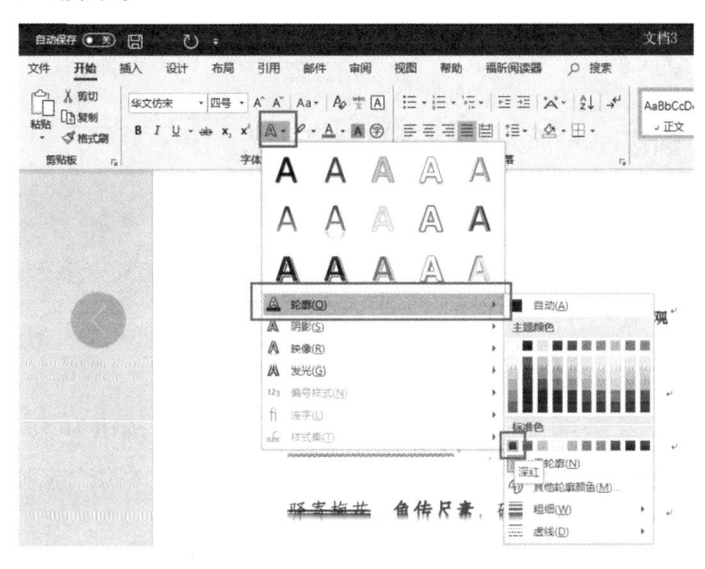

图2-1-4　设置字体轮廓

(7)在字体功能区,在"文本效果与版式"按钮的下拉菜单中为"砌成此恨无重数"设置"发光:8磅;橙色,主题色2"的发光效果,如图2-1-5所示。

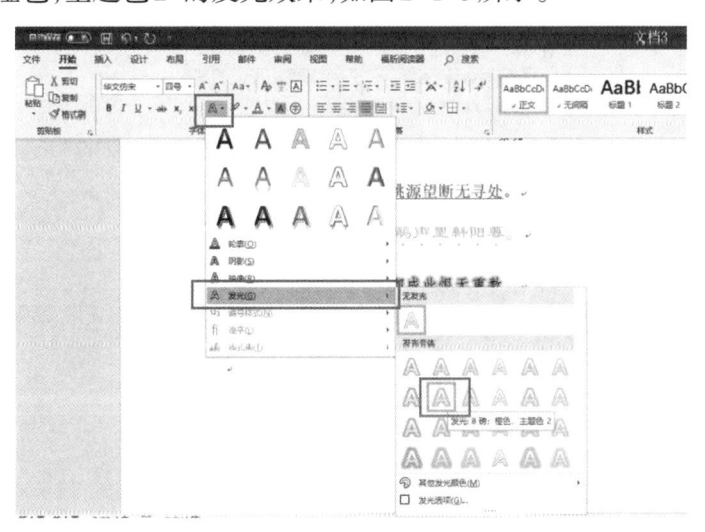

图2-1-5　设置字体发光效果

(8)单击字体功能区"拼音指南"按钮为"郴江幸自绕郴山"加上中文拼音,如图2-1-6所示。

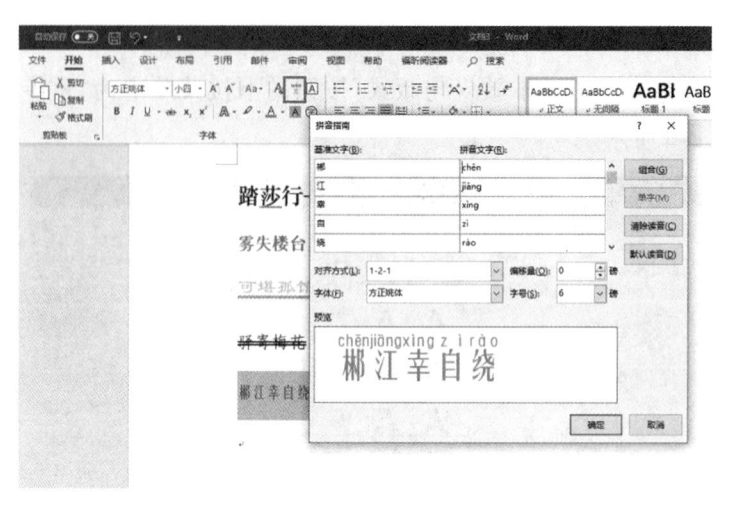

图2-1-6 拼音指南的使用

(9)选中"为谁流下潇湘去",单击字体功能区"字符边框"按钮为其加上边框。

(10)选中"秦观",字号改为5号,打开字体对话框,单击"高级"选项卡,在对话框中设置字符间距为"下降""5磅",如图2-1-7所示。

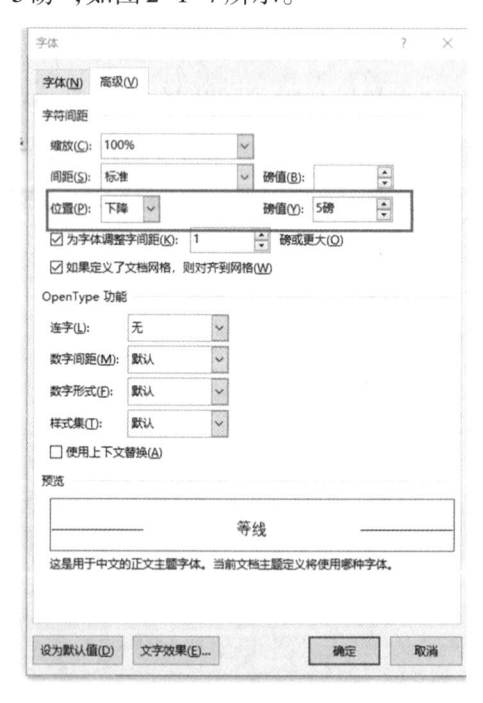

图2-1-7 高级选项卡设置字符间距

（11）利用字体功能区"带圈字符"按钮对"踏莎行"三个字设置带圈字符格式,如图2-1-8所示。

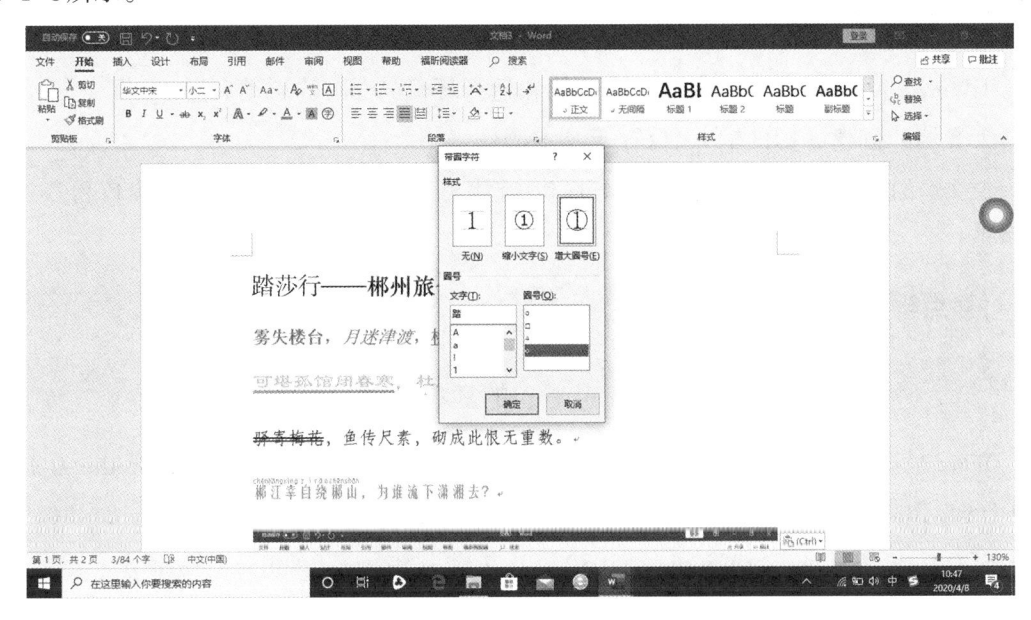

图2-1-8　设置带圈字符格式

（12）完成此任务,效果如图2-1-9所示,将文档命名为"4-1"保存在教师指定文件夹中。

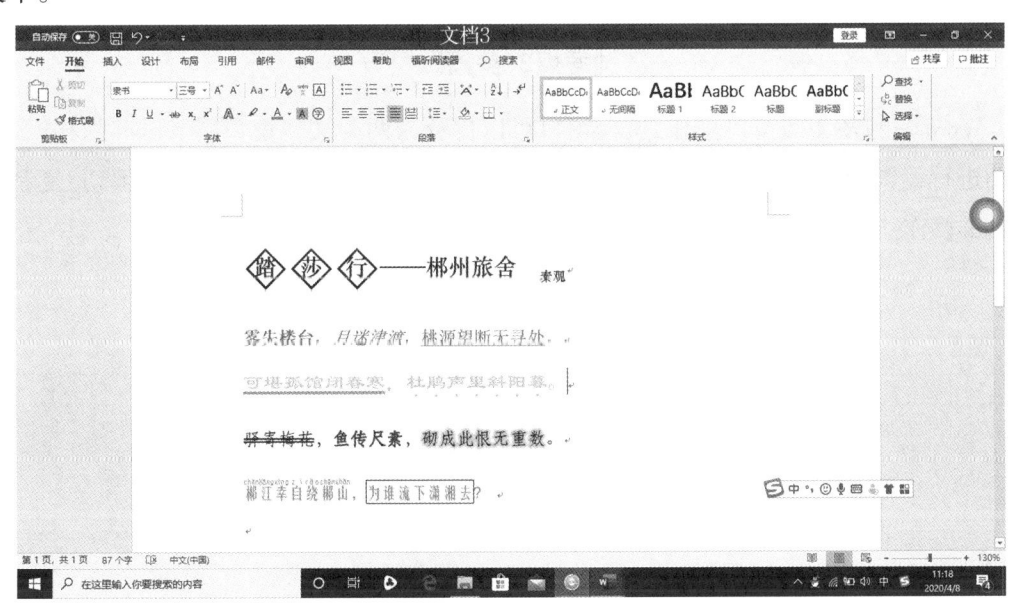

图2-1-9　效果图

考试大纲

1. Word 的基本概念，Word 的基本功能和运行环境，Word 的启动和退出。
2. 文档的创建、打开、输入、保存等基本操作。
3. 文本的选定、插入与删除、复制与移动、查找与替换等基本编辑技术；多窗口和多文档的编辑。

【考点解析】

[考点1]Word 的基本知识

Word 是微软公司的一个文字处理器应用程序。它最初是由 Richard Brodie 为了运行 DOS 的 IBM 计算机而在 1983 年编写的。随后的版本可运行于 Apple Macintosh（1984年）、SCO Unix 和 Microsoft Windows（1989年），并成为 Microsoft Office 的一部分。

[考点2]"插入"功能区

"插入"功能区包括页、表格、插图、链接、页眉和页脚、文本、符号和特殊符号几个组，对应 Word 中"插入"菜单的部分命令，主要用于在 Word 中插入各种元素。

[考点3]多窗口

Word 中的多文档窗口操作，文档窗口可以拆分为两个文档窗口，允许同时打开多个文档进行编辑，每个文档有一个文档窗口。多文档窗口间的内容可以进行剪切、复制和粘贴等操作。

任务二　制作会议通知函

学习目标

1.掌握Word 2019文档页面设置基本知识点,如纸张大小、方向、页边距等。

2.掌握Word 2019文档段落格式设置知识点,例如行距、特殊格式、对齐方式、缩进等。

学习重点

段落格式设置。

学习难点

段落格式设置。

任务描述

丽娜收到部门主管布置的一项工作任务——制作一份电子会议邀请卡,要求根据通知内容,进行合理页面布置和段落、字体格式排版。

任务分析

首先要厘清邀请卡的文字内容,并设置好字体格式,再进行页面设置,最后根据实际需求设置合理的段落格式。

操作步骤

1.启动Word 2019应用程序。

2.在工作区输入会议邀请函文字内容,也可以直接在素材包中复制文字内容,如图2-2-1所示。

```
国庆中秋双节庆祝活动筹备会会议邀请函
南新百货凯瑞新都商场各部门经理：
本商场定于2020年9月26日—10月10日期间隆重举行"双节同庆"商场活动，现决定于2020年8
月1日召开双节活动筹备会议，请各部门主管、副主管务必参会，同时选派本部门2名优秀工作人
员参会。请各部门于 7 月 15 日前将参会人员名单发送至培训部主管李晨先生邮箱中，邮箱为：
653725787@qq.com。
会议时间：2020年8月1日9:00
会议地点：综合会议室一
会议联系人：廖丽
联系电话：16726568987
凯瑞新都办公室
2020年7月18日
```

图2-2-1 邀请函文字内容

3.根据字体格式相关知识,进行字体格式排版,如图2-2-2所示。

```
国庆中秋双节庆祝活动筹备会会议邀请函      [题目为黑体，三号，居中]
南新百货凯瑞新都商场各部门经理：
本商场定于2020年9月26日—10月10日期间隆重举行"双节同庆"商场活动，现决定
于2020年8月1日召开双节活动筹备会议，请各部门主管、副主管务必参会，同时选
派本部门2名优秀工作人员参会。请各部门于7月15日前将参会人员名单发送至培训
部主管李晨先生邮箱中，邮箱为：653725787@qq.com。
会议时间：2020年8月1日9:00                [正文为楷体小四号；
会议地点：综合会议室一                      第7~10行冒号前文字设置加粗、
会议联系人：廖丽                            倾斜效果]
联系电话：16726568987
                               [落款右对齐]   凯瑞新都办公室
                                           2020年7月18日
```

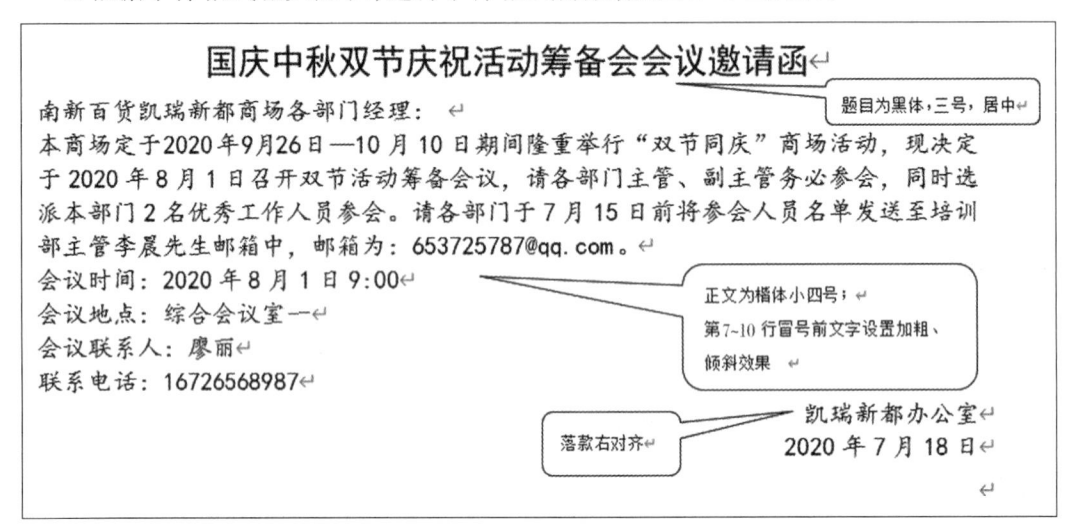

图2-2-2 字体字号设置要求

4.进行页面设置

(1)单击"布局"功能选项卡,在相应功能区对纸张大小、纸张方向,页边距等进行修改,如图2-2-3所示。

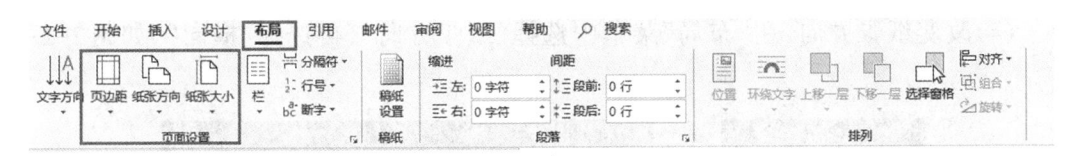

图 2-2-3　页面布局

（2）单击"纸张大小"，选择纸张大小为32开，如图2-2-4所示。

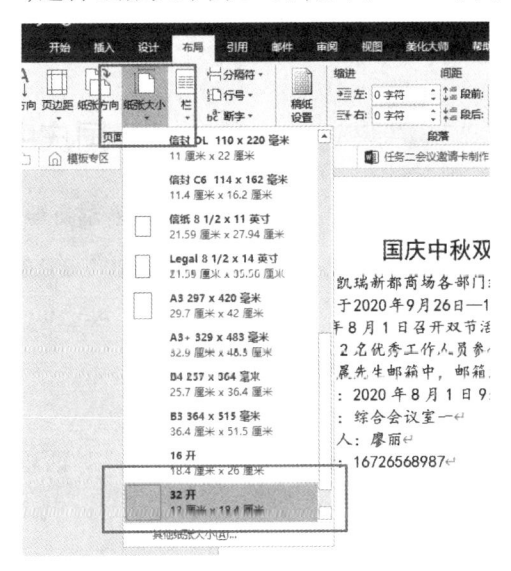

图 2-2-4　纸张大小设置

（3）单击"页边距"，选择页边距为"窄"，如图2-2-5所示。

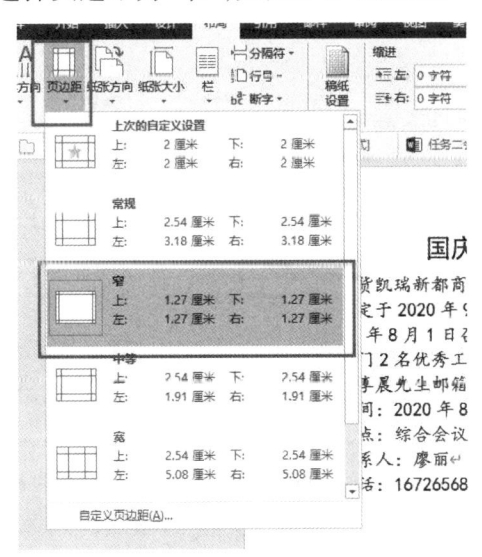

图 2-2-5　页边距设置

(4)改变纸张方向,在"布局"菜单中选择"纸张方向",再选择"横向",如图2-2-6所示。

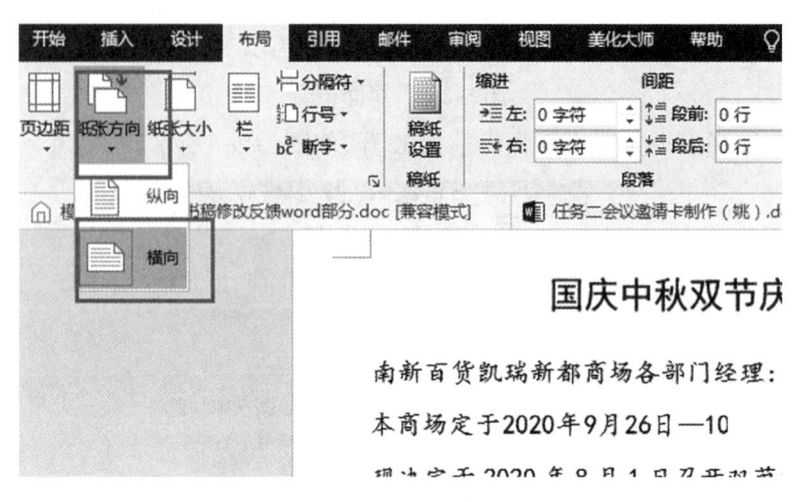

图2-2-6　纸张方向设置

5.设置段落格式

(1)选中题目,单击右键,单击"段落",打开"段落"对话框,设置段落间距为段前0行,段后0.5行,如图2-2-7所示。

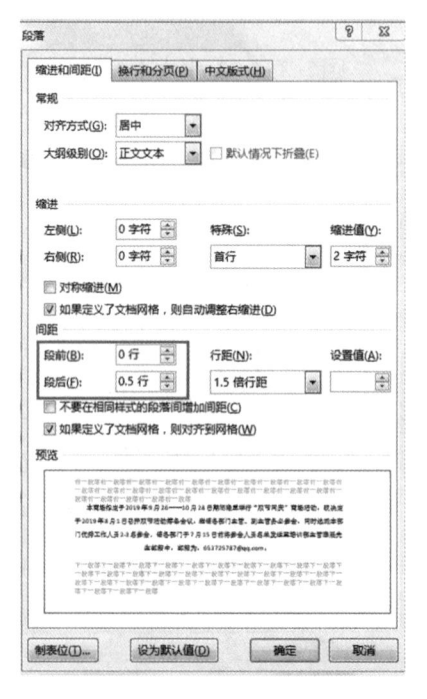

图2-2-7　段前段后设置

（2）同样在段落设置对话框中，为所有正文内容设置1.5倍行距，如图2-2-8所示。

图2-2-8　行距设置

（3）为第7~10行设置特殊格式：首行缩进"2字符"，如图2-2-9所示。

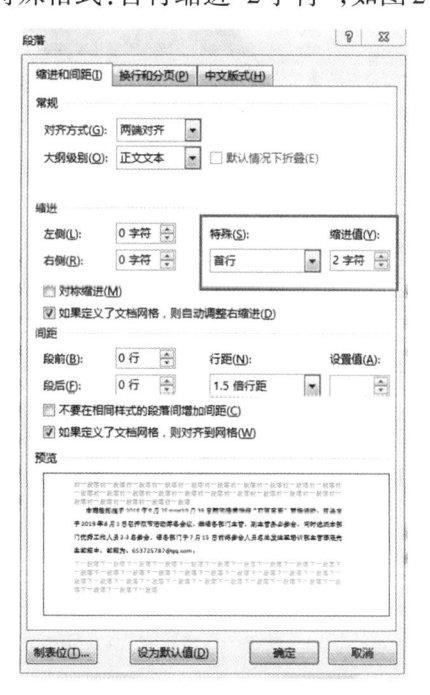

图2-2-9　首行缩进设置

考试大纲

字体格式设置、段落格式设置、文档页面设置、文档背景设置和文档分栏等基本排版技术。

【考点分析】

[考点1]段落格式设置

掌握Word中段落格式的设置,包括段间距、首行缩进。

[考点2]页面设置

能够在Word中熟练地进行文档页面的设置,包括纸张小大、纸张方向、页边距的设置。

任务三　制作商场双节活动策划书

学习目标

1. 熟练设置文档的分栏、首字下沉格式。
2. 熟练设置文档的页眉和页脚。
3. 熟练地在文档中插入页码。

学习重点

页眉和页脚的格式设置方法。

学习难点

根据实际需求选用合适的页眉、页脚格式。

任务描述

你是南新百货的一名活动策划员。中秋节和十一国庆节即将到来,商场准备策划双节促销活动,你现在的任务是做出一份活动策划方案。

任务分析

策划方案首先要撰写出基本文字内容,并利用之前学的字体和段落格式进行基础设置。此次策划案的版式灵感来源于"报纸",需要为文案设置特殊的分栏和首字下沉格式,还需要利用页眉、页脚为文稿添加必要的说明信息,例如活动名称、策划单位、页码等。

操作步骤

1.在桌面单击右键,新建Word文档,双击此文档打开,在工作区输入以下文字内容,详细文字内容见素材包,如图2-3-1所示。

南新百货中秋·十一双节促销活动策划案
主题:国庆、中秋特别奉献——零点打烊乐融融
(一)9月26日—10月28日
活动期间延迟打烊时间到晚上11:00,其中10月1日到10月8日打烊时间为凌晨00:00。
一、欢庆盛世,感恩太平(10月1日8:00—8:40)
邀请乐鼓队,布局锣鼓巨阵。商场所有员工以部门为单位列队参加升旗仪式。8:40—8:50,集合到队,9:00结束。9:15开门迎客。
二、国庆佳节衣服类满300立减100(活动时间为:10月1日—3日)
同时享受商场满就送活动,商场购物当天累计满500元,1000元,2000元,3000元,5000元,10000元,可以领取对应等级好礼一份。(活动时间为9月26日—10月28日)

图2-3-1 策划案文字内容

2.进行字体和段落格式设置,按图2-3-2所示做修改。

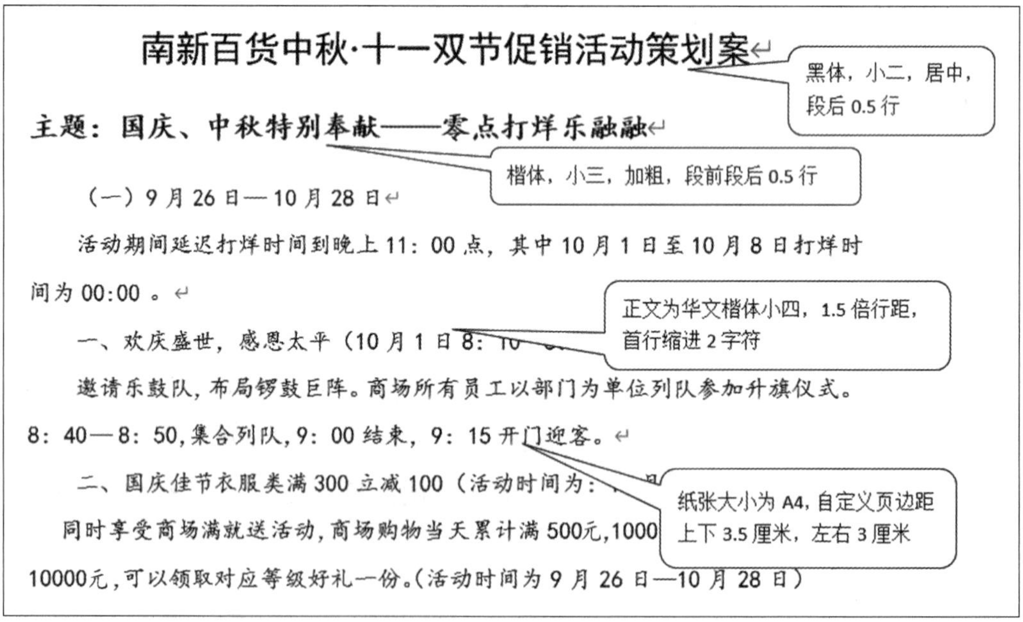

图2-3-2 设置字体和段落

3.进行分栏设置,将正文分为两栏,并添加分割线。

(1)选中正文文字,单击"布局",在"页面设置"中选择"栏",再选择"更多栏",如图2-3-3所示,弹出对话框。

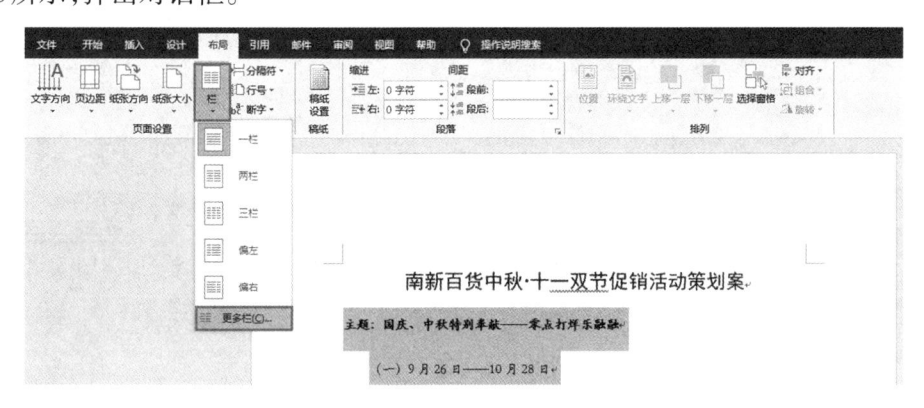

图2-3-3 分栏菜单

(2)在"预设"中选择所需的格式"两栏",则文档页面被分割为两栏。单击右侧"分隔线"选框,则文档中出现一条分隔线,单击"确定",如图2-3-4所示。

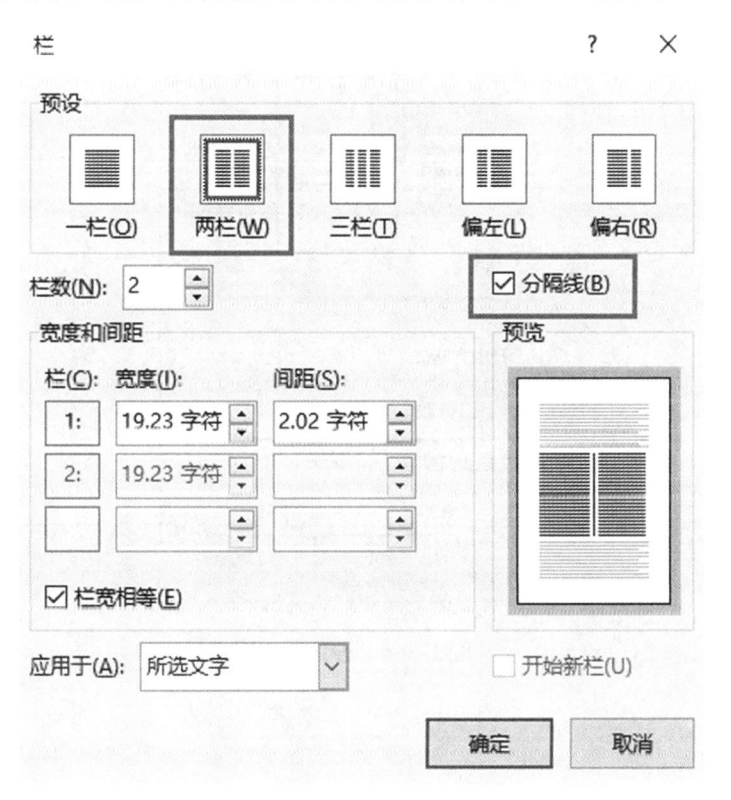

图2-3-4 分两栏

4.进行首字下沉设置,下沉2行。

(1)选中"主题"二字,单击"插入"功能选项卡,在文本区选择"首字下沉""首字下沉选项",如图2-3-5所示。

图2-3-5　首字下沉菜单

(2)在弹出菜单中,按下列方式选择位置——"下沉",字体——"华文楷体",下沉行数——"2",最后单击"确定"退出,如图2-3-6所示。

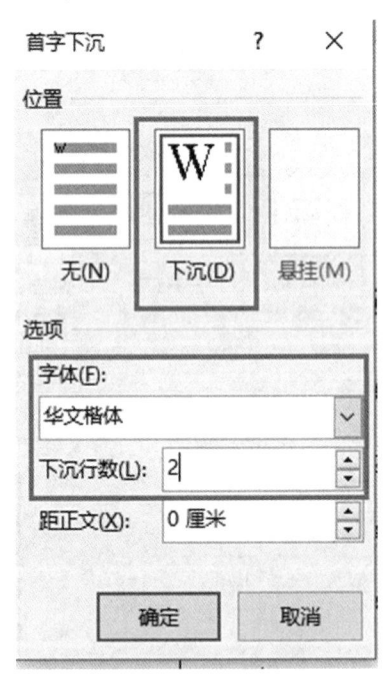

图2-3-6　设置首字下沉

5. 进行页眉、页脚设置。

（1）单击"插入"功能选项卡，单击"页眉""编辑页眉"，则进入页眉编辑区，如图2-3-7所示。

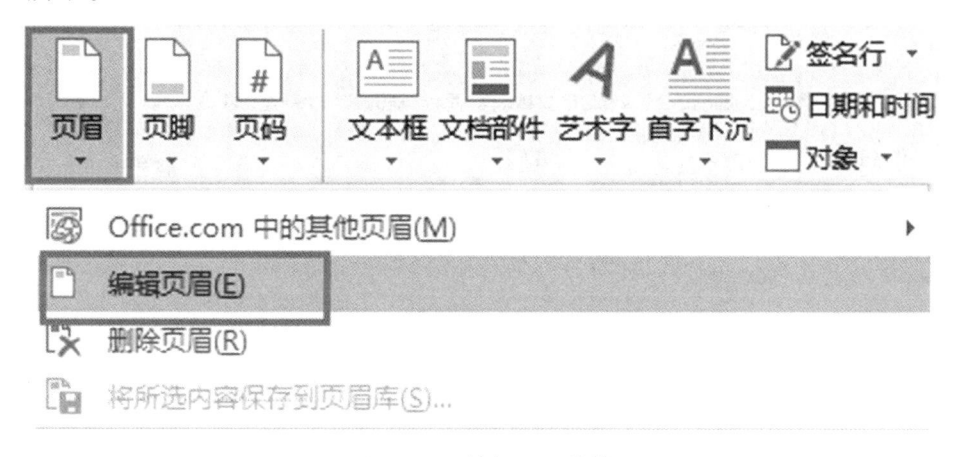

图2-3-7　编辑页眉菜单

（2）输入页眉内容，利用字体和段落格式设置方法，编辑页眉格式：华文仿宋，小四号，居中，如图2-3-8所示。

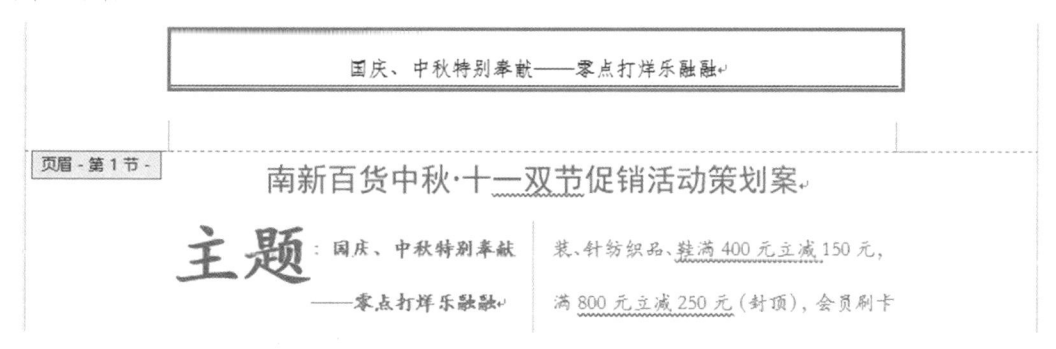

图2-3-8　添加页眉

（3）单击"设计"功能选项卡中的"转至页脚"，进入页脚编辑区继续编辑，如图2-3-9所示。

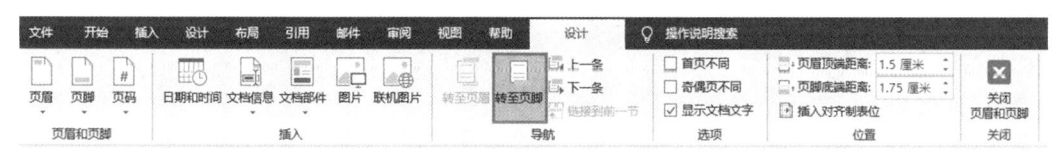

图2-3-9　转至页脚

（4）页脚和页眉的编辑方式是相同的，但根据任务要求，我们需要在页脚位置插入页码。选择"页码""页面底端"，选择页码样式。现在页脚位置显示的数字则是当前页码，如图2-3-10所示。

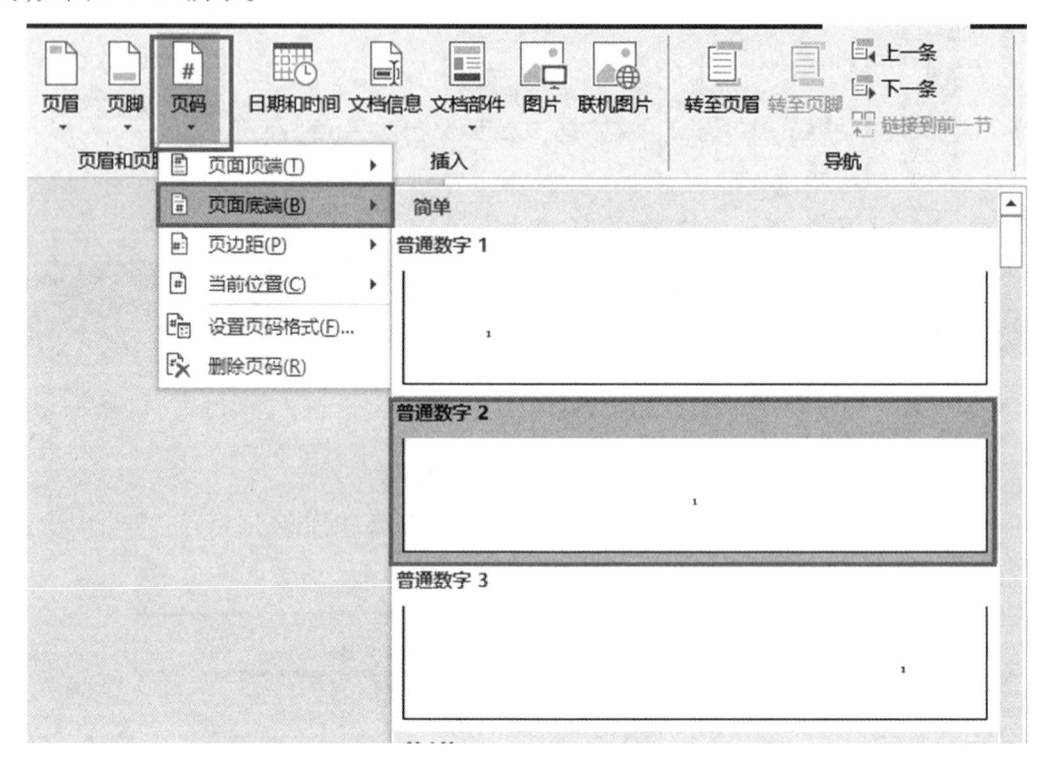

图2-3-10　插入页码

（5）编辑完成以后，需单击"关闭页眉和页脚"才可退出页眉页脚编辑模式，返回工作区，如图2-3-11所示。

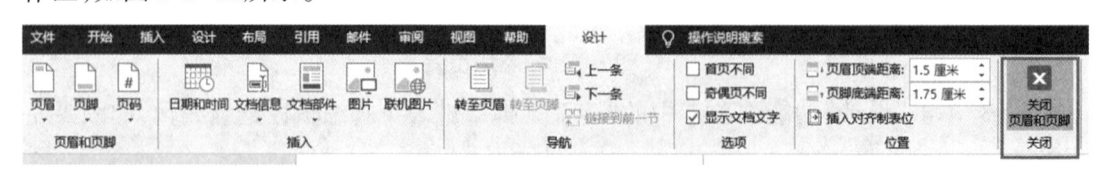

图2-3-11　关闭页眉和页脚

考试大纲

图形和图片的插入；图形的建立和编辑；文本框、艺术字的使用和编辑。

【考点解析】

[考点1]项目符号和编号

项目符号和编号是放在文本前的点或其他符号，起到强调作用。合理使用项目符号和编号，可以使文档的层次结构更清晰、更有条理。项目编号可使文档条理清楚和重点突出，提高文档编辑速度。

[考点2]编号格式

在Word中只提供了13种编号样式。"自定义"编号的方法为：打开"项目符号和编号"对话框后选中一种编号样式，然后单击"自定义"按钮，此时会打开"自定义编号列表"对话框，在"编号样式"的下拉列表框中选中一种样式后，可以在"编号格式"下的文本框中的编号前后输入其他字符，从而构成各种格式的编号。

任务四 制作晚会节目单

学习目标

1. 能区分项目符号与项目编号,并能根据实际情况选择合适的项目符号或编号。
2. 掌握设置边框与底纹的方法,并能区分边框与底纹应用于段落与文字的效果。
3. 了解页面边框,掌握页面边框设置方法。
4. 掌握插入图片的方法。

学习重点

设置项目符号、边框、底纹。

学习难点

区分边框与底纹应用于段落与文字的效果。

任务描述

一年一度的公司团拜会文艺会演就要到了,公司后勤部负责承办活动。今年的主题是"乘着梦想的翅膀"。节目单是演出的必备品之一。后勤部文员莉莉将利用软件 Word 2019 把它设计得更精美,与会演主题更贴近。

任务分析

将每个节目名字输入 Word 2019 编辑区,选择并插入贴近主题的图片,通过设置项目符号、边框、底纹进行制作。

操作步骤

1. 启动 Word 2019 应用程序,利用快捷键"Ctrl+N"新建空白文档。

2. 在工作区插入图片"彩虹"。方法:在"插入"选项卡中,选择"图片",找到需要的图片,单击"插入"。

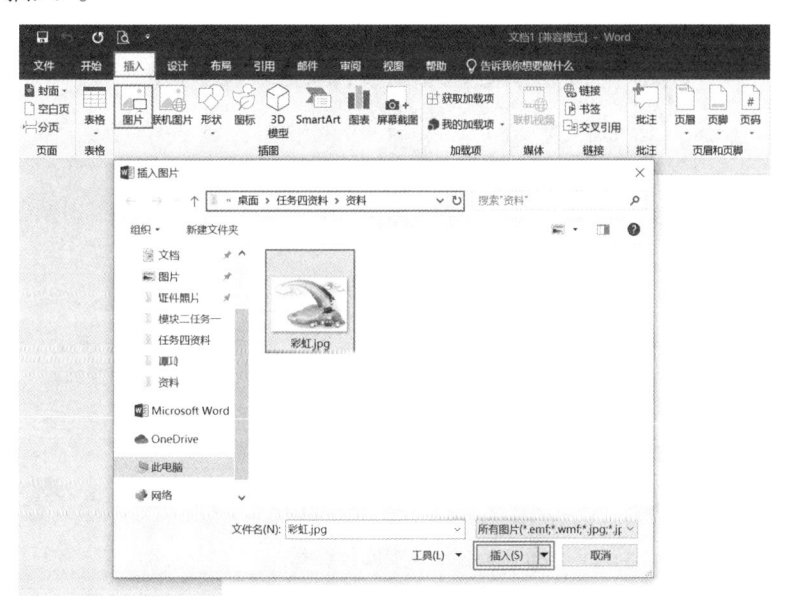

图 2-4-1　插入图片

3. 输入文字,如图 2-4-2 所示。

——"乘着梦想的翅膀"文艺会演

歌曲联唱:《歌曲联唱》

朗诵:《春江花月夜》

独唱:《青藏高原》

现代舞:《自由飞翔》

器乐合奏:《喜洋洋》

笛子合奏:《我的中国心》

独舞:《天竺少女》

独唱:《高原红》

舞蹈:《相信自己》

快板:《拾黄金》

舞蹈:《春天的故事》

图 2-4-2　文字内容

4.对照效果图进行排版。

(1)选中题目,单击"开始"功能选项卡,在"字体"功能区,选中"华文彩云""黑色""一号";在"段落"功能区,选中"居中对齐"。

(2)利用同样的方法,将节目形式名称设置为"微软雅黑""小四号"。

(3)设置节目编号。方法:选择"开始"选项卡,在"段落"功能区选择第二个按钮"编号",选择编号库里第一种编号方式,如图2-4-3所示。

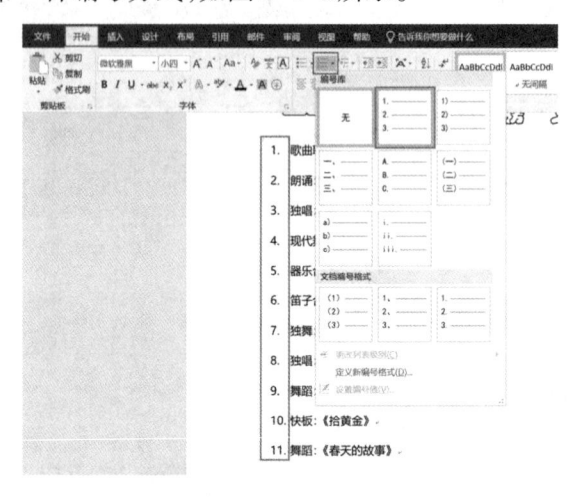

图2-4-3 设置项目编号

(4)为"2.朗诵:《春江花月夜》"与"4.现代舞:《自由飞翔》"设置蓝色底纹。方法:选择"开始"选项卡,打开"段落"功能区里"边框"下拉菜单,单击菜单里最后一项"边框和底纹",如图2-4-4所示。

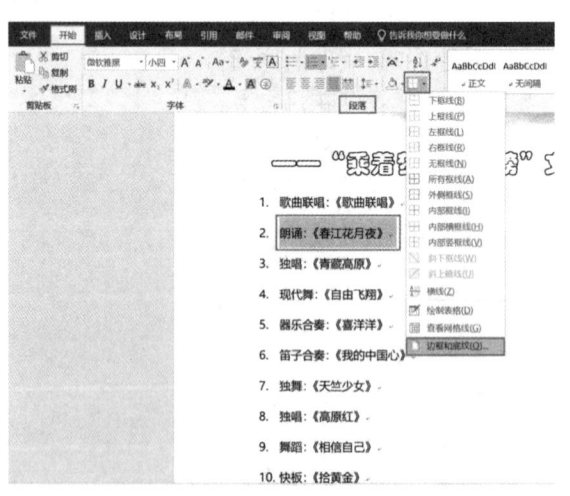

图2-4-4 设置底纹(1)

在弹出的"边框和底纹"对话框中选择"底纹",设置填充颜色为"蓝色",将"2. 朗诵:《春江花月夜》"底纹应用于"文字",将"4. 现代舞:《自由飞翔》"蓝色底纹应用于"段落",如图2-4-5所示。

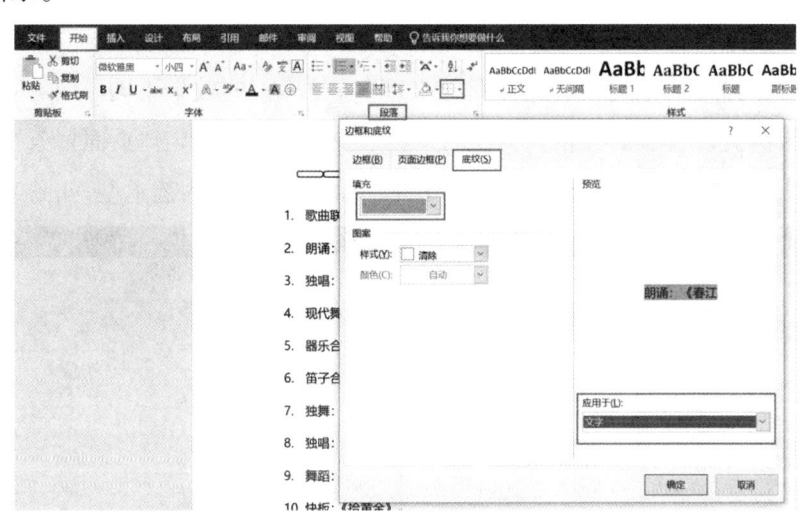

图2-4-5 设置底纹(2)

注意:虽然都是蓝色底纹,但应用于"文字"与"段落"的效果不同。

(5)为"6. 笛子合奏:《我的中国心》"与"8. 独唱:《高原红》"参照样文设置边框。方法:如前所述打开"边框和底纹"对话框,选择"边框",如图2-4-6所示。

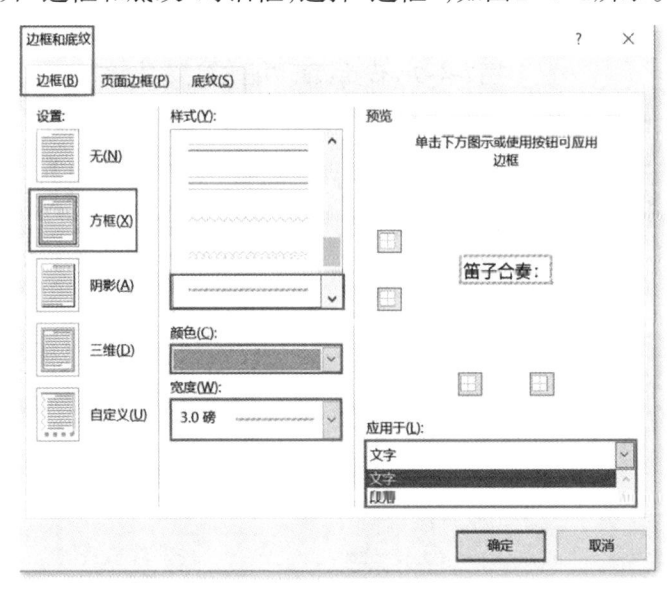

图2-4-6 设置边框(1)

在"边框"对话框里面有三列：

第一列：设置。请选择加哪种边框，通常选择"方框"。

第二列：样式。请选择边框的线条"样式""颜色""宽度"，请参照样文。

第三列：预览。可选择应用于"文字"或"段落"，并查看预览效果。

注意：虽然都是蓝色边框，但应用于"文字"与"段落"的效果不同。

（6）参照样文设置页面边框。方法：选择"设计"选项卡，单击"页面背景"功能区里第三个按钮"页面边框"，设置方式与上面的"边框"相似，请设置为艺术型，如图2-4-7所示。

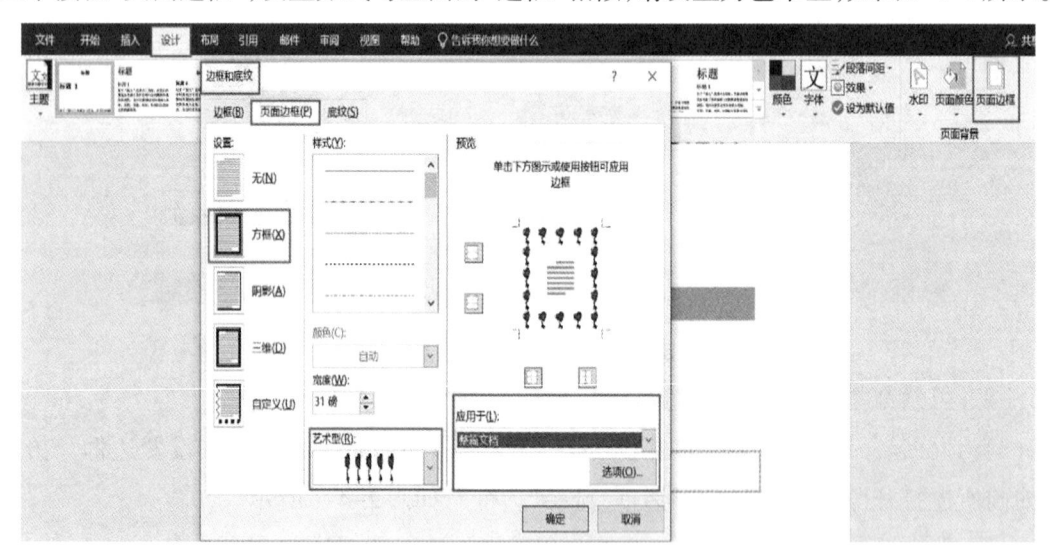

图2-4-7 设置页面边框

注意：页面边框的位置，在整个页面的上下左右边缘上。

（7）完成此任务，效果如图2-4-8。依次单击"文件""另存为""浏览"，在弹出的文本框中浏览文件需要存放的位置，输入文档的名称后，单击"保存"，保存在教师指定的文件夹中。

样文参考：

图 2-4-8　完成效果图

考试大纲

1.文档背景设置。
2.图形和图片的插入。

【考点解析】

[考点1]文档的格式设置

1.熟练使用段落功能区各个功能按钮进行文档字体、段落、边框、底纹、项目符号和编号等格式设置。
2.熟练使用段落对话框进行段落格式设置。

[考点2]图文混合排版

在文档中插入图片,进行图文混合排版。

任务五 制作菜谱封面

学习目标

1. 熟练掌握艺术字的插入方法。
2. 能根据需要对艺术字进行编辑。
3. 能根据任务要求,发挥个人特长,实现作品个性化设计。

学习重点

艺术字的编辑。

学习难点

艺术字的编辑。

任务描述

新世纪百货旗下超市即将推出"重庆味道美食周"活动,为配合此次美食周活动,请文秘处设计制作美食周菜谱封面及内页。

任务分析

可以用图片与艺术字的结合制作封面。

操作步骤

1. 启动 Word 2019 应用程序。
2. 将页面颜色设置为棕色。在"设计"菜单中选择"页面背景"里"页面颜色"按钮,根据要求设置为相应颜色。
3. 插入图片"脸谱";在图片"脸谱"下方,插入艺术字"重庆味道"。方法:在"插入"

选项卡中选择"艺术字"按钮,任意选择一种样式。在文本框中键入"重庆"后回车,再键入"味道"。艺术字插入完成。

4.编辑艺术字。

当选定艺术字时,会出现一个新的选项卡"绘图工具""格式",可以对艺术字进行编辑,如图2-5-1所示。

2-5-1 艺术字设置

(1)在"艺术字样式"里,将"文本填充""文本轮廓"设置为黑色,"文本效果"全设置成无。

(2)设置艺术字的字体为"华文隶书",大小为"80"。选中艺术字,在"开始"选项卡的"字体"组里调整,与一般文字字体设置相似。

(3)字体大小调整完毕后,注意将艺术字所处的形状大小也一并调整好。

当选定艺术字时,工具栏右侧会出现一个新的选项卡"绘图工具""格式",单击进入,在"大小"组里,可以对形状的高度与宽度进行调整。

(4)调整艺术字的位置。

当选定艺术字时,工具栏右侧会出现一个新的选项卡"绘图工具""格式",在"排列"组里选择"对齐"里的"左右居中"。

5.完成此任务,效果如图2-5-2所示。

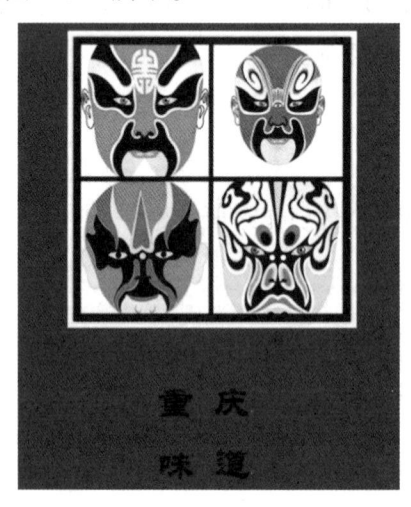

2-5-2 效果图

考试大纲

图形和图片的插入;图形的建立和编辑;文本框、艺术字的使用和编辑。

【考点分析】

[考点]艺术字

艺术字是以普通文字为基础,经过专业的字体设计师艺术加工的变形字体。字体特点符合文字含义,具有美观有趣、易认易识、醒目张扬等特性,是一种有图案意味或装饰意味的字体变形。艺术字能从汉字的义、形和结构特征出发,对汉字的笔画和结构做合理的变形装饰,书写出美观形象的变体字。艺术字经过变体来突出和美化文字,千姿百态、变化万千,是一种字体艺术的创新,常用来创建鲜明的标志或标题。

任务六 制作购物节宣传单

学习目标

1. 熟练掌握文本框的插入方法和文字编辑。
2. 熟练编辑多种文本框的形状样式。
3. 熟练完成多个文本框的组合。
4. 会创建文本框链接。

学习重点

横竖文本框的插入方法,文本框的形状样式编辑,文本框的组合。

学习难点

文本框的文字方向转换,文本框的组合。

任务描述

阳春三月,"妇女"节购物热潮即将到来,南新百货将推出"嗨购女人节"购物活动,你作为宣传处的人员要设计制作一份购物节宣传单。

任务分析

首先需要明确活动的时间、地点、内容等关键文字信息,利用Word中的文本框来展示重点文字内容,设计文字效果,组合多个文本框,优化版面布局,让这份宣传单准确传达出活动关键信息且显得美观。

操作步骤

1.新建一个Word文档,设置页面颜色。单击"设计"功能选项卡,选择"页面颜色""其他颜色",分别设置红色255、绿色153、蓝色153,选择"确定",如图2-6-1所示。

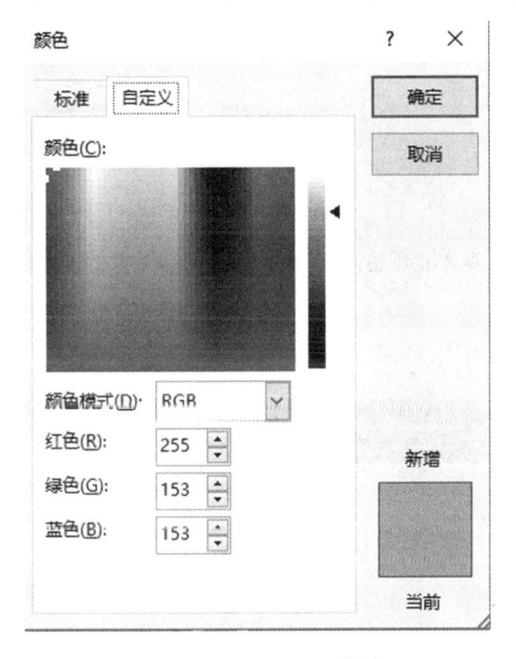

图2-6-1 设置页面颜色

2.插入一个横排文本框。

(1)单击"插入"功能选项卡,选择"文本框""绘制横排文本框",现在鼠标变为一个十字形光标,按住鼠标左键在文档空白处绘制出一个文本框,如图2-6-2所示。

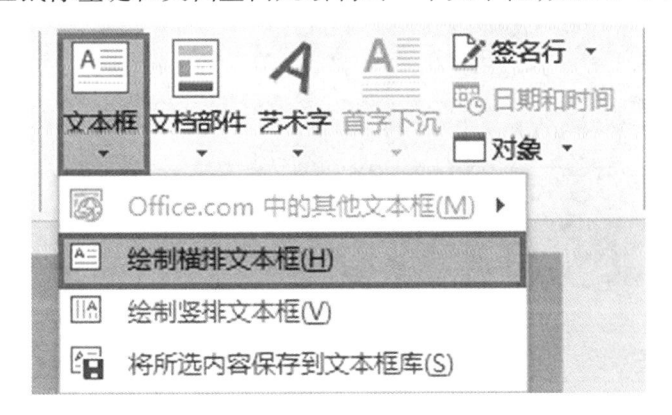

图2-6-2 绘制文本框

（2）在文本框里输入文字"时间：3月7日—3月9日　地点：重庆市南新百货"，将文字设置为"微软雅黑、22号、粗体、橙色"，如图2-6-3所示。

图2-6-3　设置文本框内字体格式

3.设置文本框形状样式。

选中刚才插入的文本框，单击"格式"功能选项卡，在"形状样式"区进行进一步操作。

（1）选择"形状填充"为白色，如图2-6-4所示。

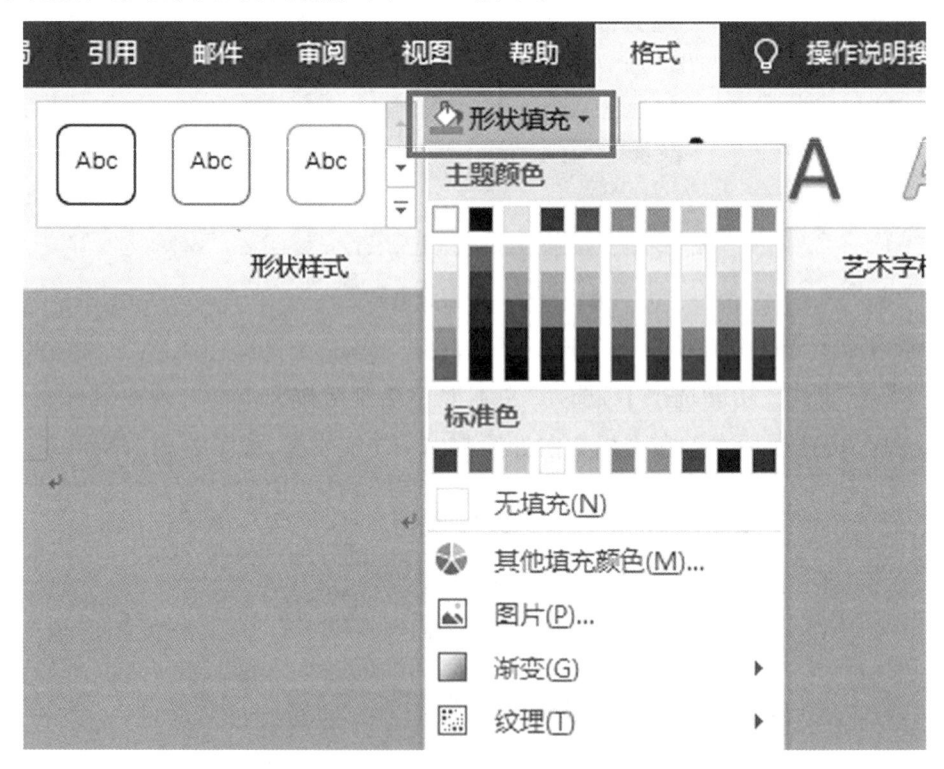

图2-6-4　设置形状填充

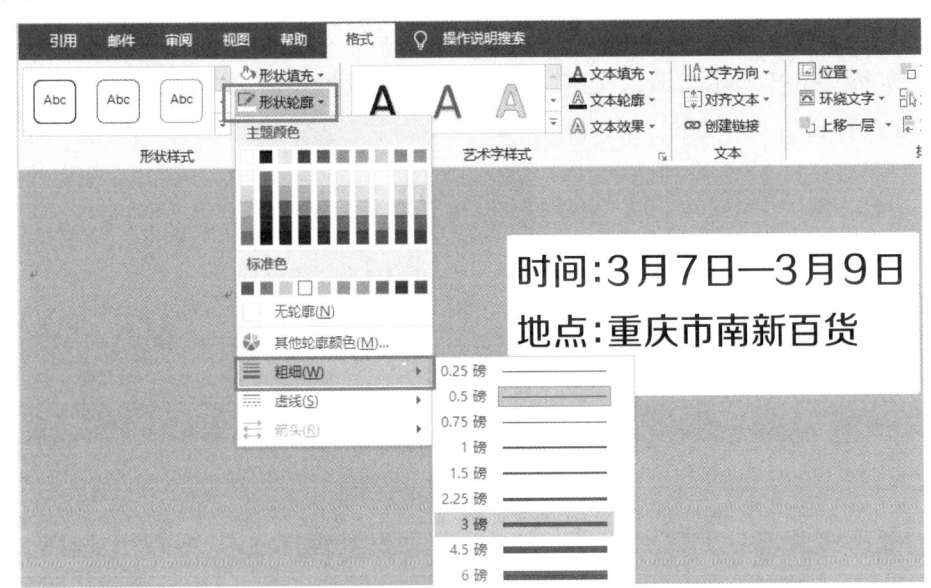

(2)选择"形状轮廓"为黄色,"粗细"为3磅,如图2-6-5所示。

图2-6-5 设置形状轮廓

(3)选择"形状效果"下拉菜单中的"阴影""偏移:右下,映像""紧密映像:接触",如图2-6-6所示。

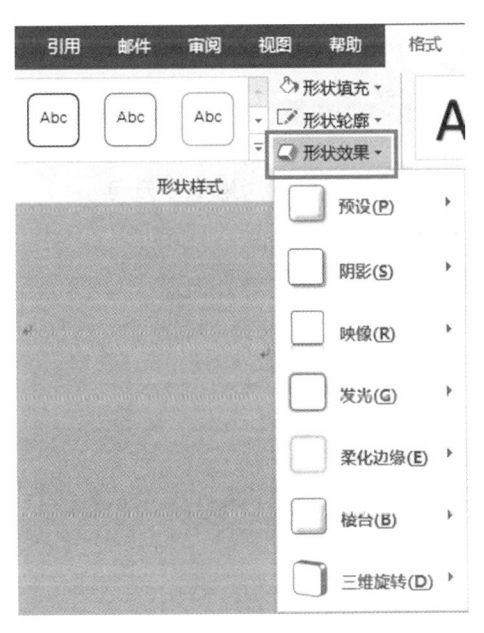

图2-6-6 设置形状效果

4.插入一个竖排文本框并编辑样式。

(1)单击"插入"功能选项卡,选择"文本框""绘制竖排文本框",拖动鼠标绘制一个文本框,如图2-6-7所示。输入文字"春日尊享礼",设置字体为"微软雅黑、42号、粗体、白色",文本框设置为无填充、无轮廓。

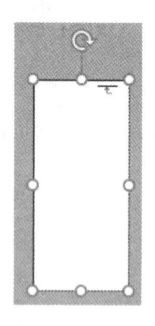

图2-6-7 插入竖排文本框

(2)如需切换文字方向为"水平"或"垂直",可在功能选项卡"格式"中选择"文字方向",如图2-6-8所示。

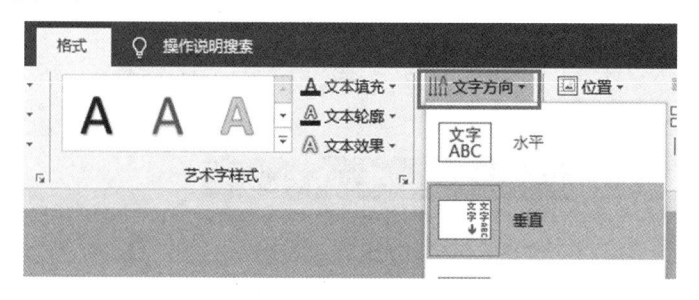

图2-6-8 切换文字方向

5.组合多个文本框。

(1)插入6个横排文本框,输入相应文字并调整文本框位置,如图2-6-9所示。

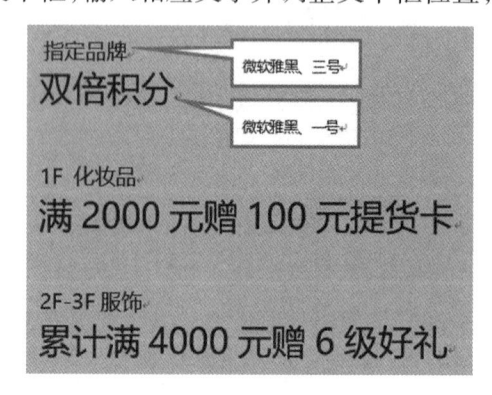

图2-6-9 调整文本框位置

(2)单击选中一个文本框,同时按住"Shift"键,再单击鼠标左键选中另一个文本框。当两个文本框同时被选中,单击鼠标右键选择"组合""组合"。两个独立的文本框则构成了组合文本框,如图2-6-10所示。

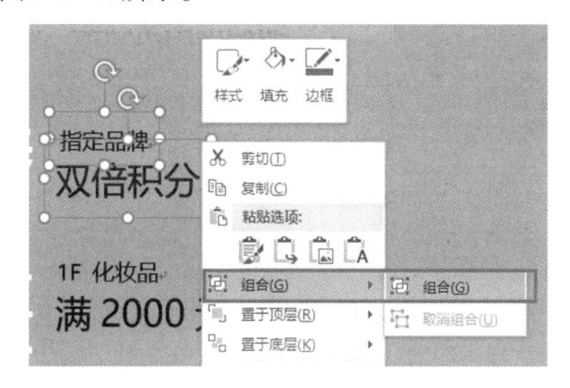

图2-6-10　组合

(3)若需取消组合,选中组合文本框,单击鼠标右键选择"组合""取消组合",则组合文本框还原为独立的文本框,如图2-6-11所示。

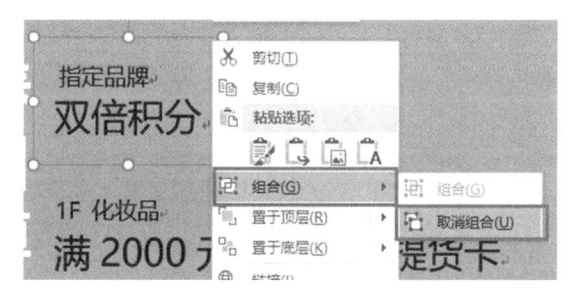

图2-6-11　取消组合

(4)按照同样的方法,将6个文本框,两两一起组合为3个组合文本框,如图2-6-12所示。

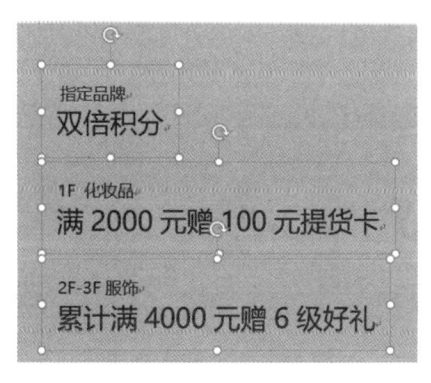

图2-6-12　再次组合

6.为多个文本框创建链接。

(1)在文档中绘制一个文本框,通过复制粘贴创造出另外4个相同大小的文本框,如图2-6-13所示。

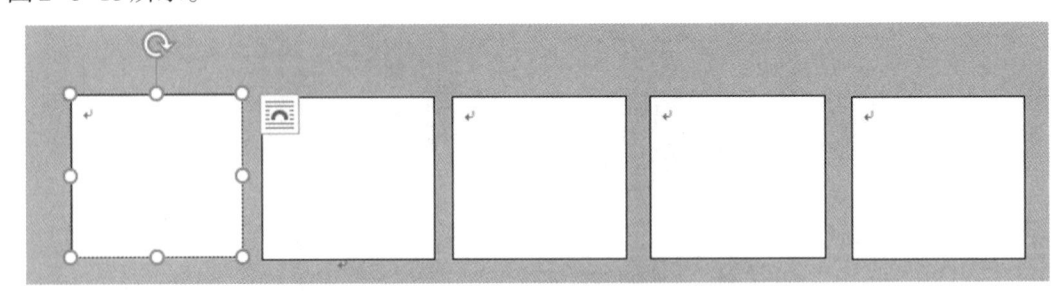

图2-6-13 复制文本框链接

(2)选中第一个文本框,单击"格式"功能选项卡,选择"创建链接",如图2-6-14所示,鼠标变成一个水壶的样式,把鼠标移动到第二个空白文本框上,单击鼠标则水壶消失,这时候第二个文本框则和第一个文本框形成链接。

图2-6-14 创建链接

(3)在第一个文本框中输入"嗨购女人节"五个字,并设置文字为"华文行楷、72号、粗体,紫色,黄色轮廓",此时文本会按顺序填充在创建链接的文本框中,如图2-6-15所示。

图2-6-15 编辑文字

（4）设置5个文本框格式：先设置"形状填充""无填充"，再设置"形状轮廓""无轮廓"。调整文档中的多个文本框位置，如图2-6-16所示，使版面更加整洁紧凑。

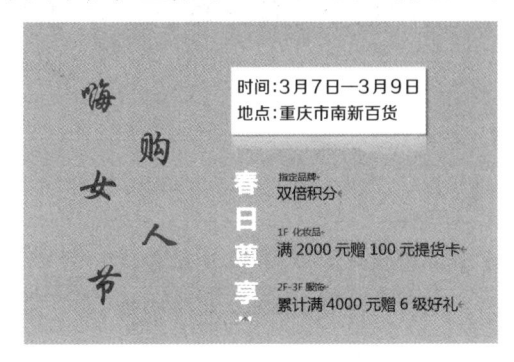

图2-6-16　效果图

考试大纲

图形和图片的插入；图形的建立和编辑；文本框、艺术字的使用和编辑。

【考点解析】

[考点1]文本框的插入

当页面内的某些文字需要单独设置格式时，都可以通过插入文本框的方式来实现。文本框有横排和竖排的区别，插入时一定要注意，也可在文本框中进行文字方向的调整。

[考点2]文本框的编辑

文本框作为一种可以在Word文档中独立进行文字输入和编辑的图形框，其排版的方式与图片、图形类似。Word中文本框编辑功能主要有设置文本框的大小、形状、样式、排列、组合、链接、文字样式、文字方向等。

任务七 制作主题电子小报

学习目标

1. 掌握在 Word 文档中插入图形、形状的基本方法。
2. 能熟练对图片的大小、排列、样式和颜色进行调整。
3. 能熟练对形状的样式进行修改和调整。

学习重点

图片、形状的格式设置。

学习难点

图文混排。

任务描述

小琴是一名幼儿教师。在 3 月 22 日世界水日即将来临之际,园长决定让小琴制作以节约用水为主题的电子小报,供全体教职员工阅览,同时为老师们根据各班学情进行节约用水教育提供教学素材。

任务分析

首先确定主题为节约用水,然后收集所需的图文资料,再利用文本框进行文字编辑,完成小报的基础版面设计。最后利用图片和形状相关知识完成图片编辑,从而形成图文并茂的电子小报。

操作步骤

1. 启动 Word 2019 应用程序。新建 A4 大小文档,页边距设置为"窄",纸张方向为"横向"。

2. 制作小报标题。

(1)单击"插入""图片"在弹出的对话框中找到所需图片,选中后单击"插入"即可,如图 2-7-1 所示。

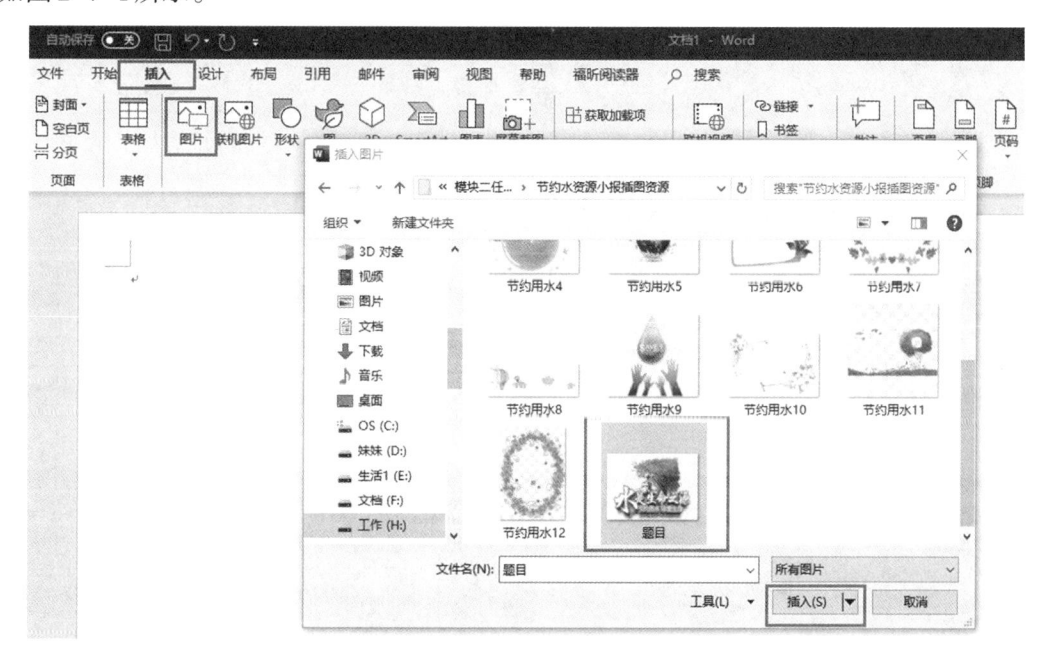

图 2-7-1　插入题目图片

(2)此时图片呈原始大小,可通过调整图片的大小、位置来呈现小报主题的理想效果。双击图片进入"图片工具"的"格式"功能选项卡,在"大小"功能区设置图片大小为 7.13 厘米×10 厘米,如图 2-7-2 所示。此时图片大小设置默认为锁定纵横比,只需要输入其中一个方向参数,回车键确定,另外一个参数会自动修改。若要将图片大小修改为其他比例,则需要单击"大小"功能区右下角的按钮打开对话框,如图 2-7-3 所示,在"大小"选项卡中去掉"锁定纵横比"前方框内的小勾,然后在上方"高度"和"宽度"的绝对值处填写相应的数值,单击"确定"完成设置,就会得到不同纵横比大小的图片。为了确保图片不会被拉伸变形,一般会锁定纵横比。

图2-7-2　修改图片大小(1)

图2-7-3　修改图片大小(2)

(3)所插入的图片带有灰色背景,会影响整个设计效果,那么如何去掉图片背景。双击图片进入"格式"功能选项卡,单击"删除背景",进入背景删除工作窗口。其中紫色高光显示的部分是将被删除的部分,此部分为系统自动识别,极有可能会删除部分需要的图片内容。我们可在工作区内,使用"标记要保留的区域"和"标记要删除的区域"来调整删除背景的范围,在得到想要的删除范围后,单击"保留更改",就会得到删除背景后的图片,如图2-7-4所示。

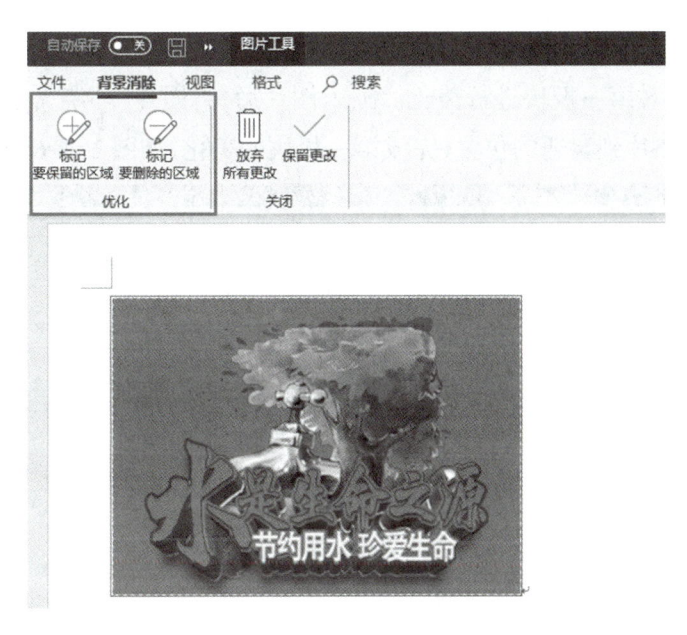

图2-7-4　删除背景工作窗口

（4）进入"格式"功能选项卡，单击"位置""顶端居中，四周型文字环绕"，确定文本位置为整个页面的正上方，如图2-7-5所示。

图2-7-5　设置图片位置

3.制作小报的各个板块内容。

（1）用艺术字添加第一板块标题。

（2）绘制四个横排文本框，和艺术字一起形成第一个完整的板块，并将四个文本框组成链接。复制粘贴所需的文字在文本框。

（3）调整文字字体为"华文新魏，小二号，首行缩进2字符"。

（4）调整文本框大小和位置，设置文本框的轮廓为无，填充为无。

（5）将此板块的四个文本框和艺术字进行组合。

（6）插入插图对第一板块进行美化。插入图片后，将图片"环绕文字"方式改为衬于文字下方。移动图片到合适的位置，完成第一板块的美化，如图2-7-6所示。

图2-7-6 完成第一板块

（7）单击"插入""形状"，选择"云形"，在第二板块位置，按住鼠标左键，绘制出云形，如图2-7-7所示。

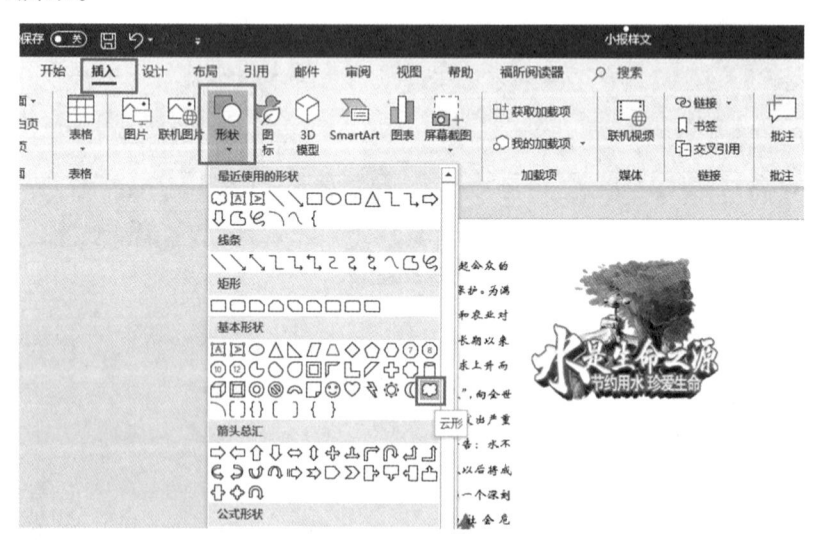

图2-7-7 绘制云形

（8）选中云形，拖动八个白色控制按钮，可以调整图形大小，拖动上方的旋转按钮可以对图形进行旋转，如图2-7-8所示。也可以在"大小"选项卡中设置图形大小。双击图片进入"绘图工具"功能区,可以对形状的轮廓和填充颜色进行设置,如图2-7-9所示。

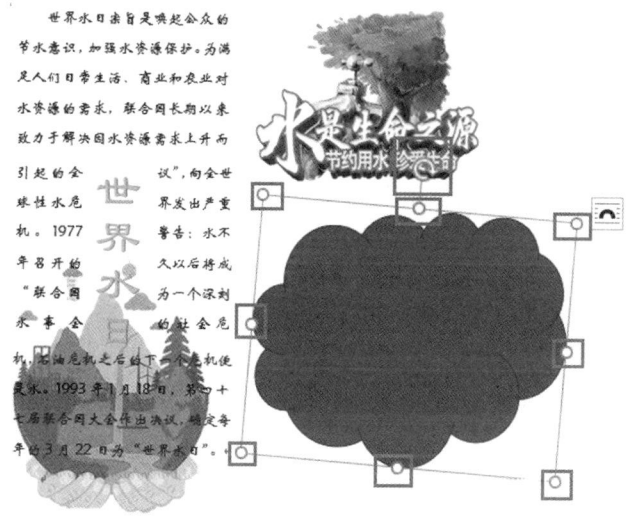

图2-7-8 调整形状大小

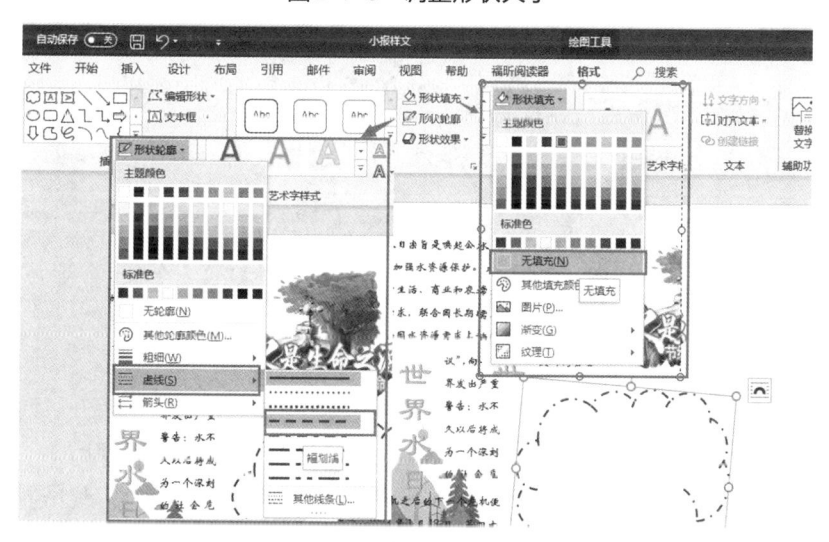

图2-7-9 编辑形状轮廓和形状填充

(9)调整形状的环绕文字方式为四周型。

(10)选中形状,单击右键,在弹出的快捷菜单中选择"添加文字",即可在形状中添加文字,并对文字格式进行编辑,设置文字格式为"隶书,小三号",并插入图片进行美化,如图2-7-10所示。

图2-7-10　插入形状并编辑后效果

(11)单击"插入""形状",插入一个水平卷形,将其轮廓更改为"3磅,短划线",形状填充中选择用图片填充,选择素材图片后,完成形状格式编辑。单击右键选择"添加文字",并写入第二板块标题,效果如图2-7-11所示。

图2-7-11　完成板块二效果图

(12)完成第三板块题目和文字输入。插入图片素材,完成第三板块。

(13)插入素材图,单击"裁剪",按住并拖动图片上的黑色边框条,裁减掉小鸟部分,保留绿色树枝,如图2-7-12所示。通过调整图片格式,得到最终效果图如图2-7-13。

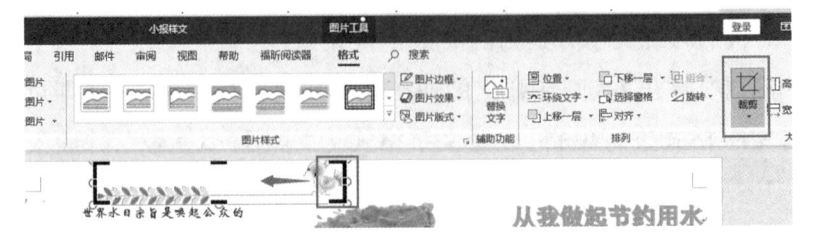

图2-7-12　裁剪图片

图 2-7-13　最终效果

考试大纲

图形和图片的插入;图形的建立和编辑;文本框、艺术字的使用和编辑。

【考点解析】

[考点]艺术字调整

插入艺术字:单击"插入""艺术字",插入新的艺术字。

编辑义字:选定艺术字后,单击此按钮,打开"编辑'艺术字'文字"对话框,可对文字内容进行修改。

艺术字库:选定艺术字后,单击其他类型的艺术字格式,可重新选择一种样式以替代原样式。

文字环绕:可具体设置艺术字的文字环绕形式。

艺术字字母高度相同:可使高度不同的字母等高,例如小写的"a"和"b"。

艺术字字符间距:调整艺术字的字间距。

任务八 制作应聘人员信息登记表

学习目标

1. 了解 Word 2019 中表格作用。
2. 掌握 Word 2019 中的表格制作方法及设计方法。
3. 掌握 Word 2019 中表格的格式设置及编辑处理。

学习重点

Word 中表格的制作、编辑、格式设置。

学习难点

根据工作需求设计、制作合适的表格。

任务描述

南新百货凯瑞新都正在进行本年度新员工的招聘工作,人力资源部工作人员丽丽负责设计本次的应聘人员信息登记表,用于本次应聘的人员填写个人基本信息。

任务分析

插入表格或绘制表格,然后编辑表格内部的文字信息,再合并单元格制作水印文字,美化及完善表格。

操作步骤

1. 启动 Word 2019 应用程序。
2. 插入表格。单击"插入"功能选项卡,选择"绘制表格",如图 2-8-1 所示。

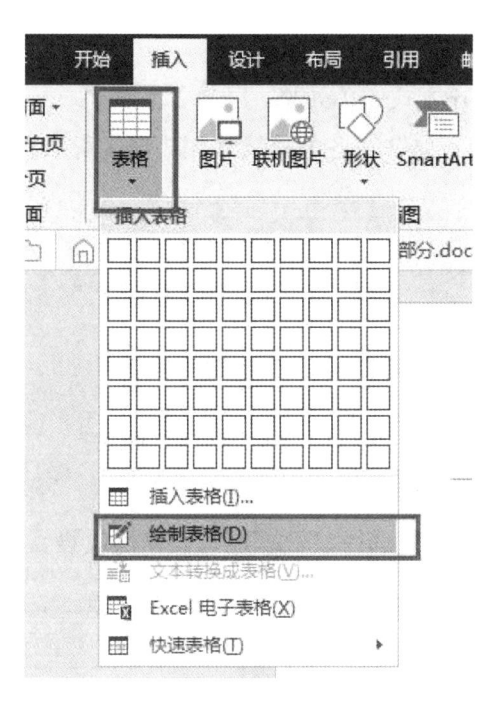

图2-8-1 绘制表格

3.选择"绘制表格"后,鼠标变成铅笔形状,在编辑区内,按需求进行表格的绘制。

4.在制作好的表格中,编辑表格中的文字内容,如图2-8-2所示。

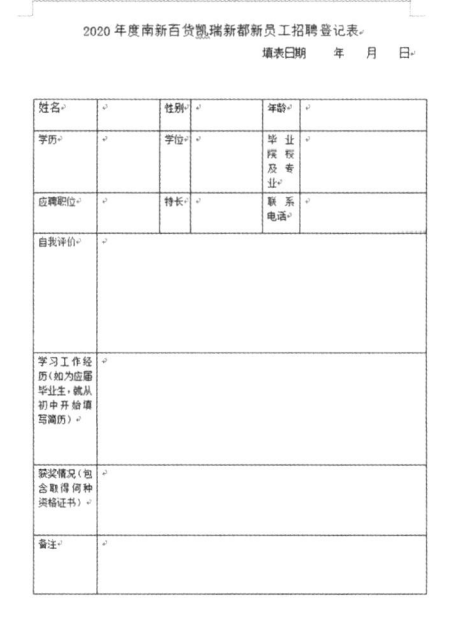

图2-8-2 编辑表格内容

5.设置文字的"单元格对齐方式"。

(1)选中需要设置对齐方式的单元格。

(2)选择菜单栏中的"布局""对齐方式",如图2-8-3所示。

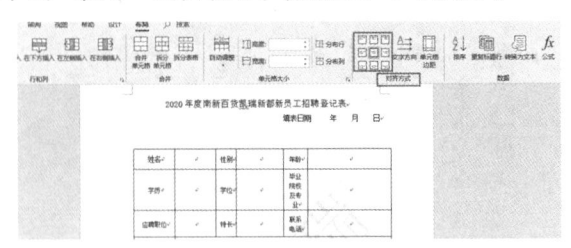

图2-8-3　文字对齐方式的设置

6.对表格进行美化(边框及底纹的设置)。

(1)在"设计"功能选项卡中选择"底纹"进行表格底纹设置,如图2-8-4所示。

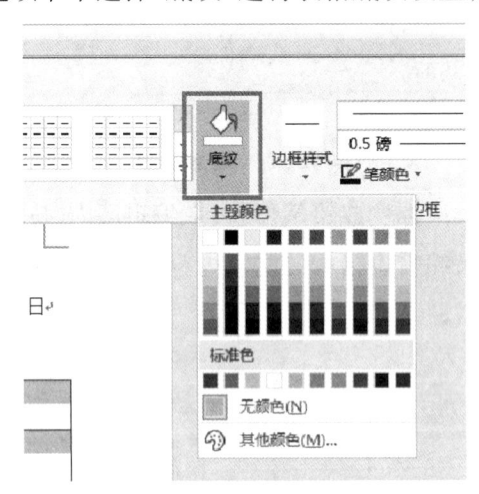

图2-8-4　底纹的设置

(2)在"设计"功能选项卡中选择"边框",如图2-8-5所示。

图2-8-5　表格边框的设置

7.对表格添加水印效果。

(1)在"设计"功能选项卡的"水印"中选择"自定义水印",如图2-8-6所示。

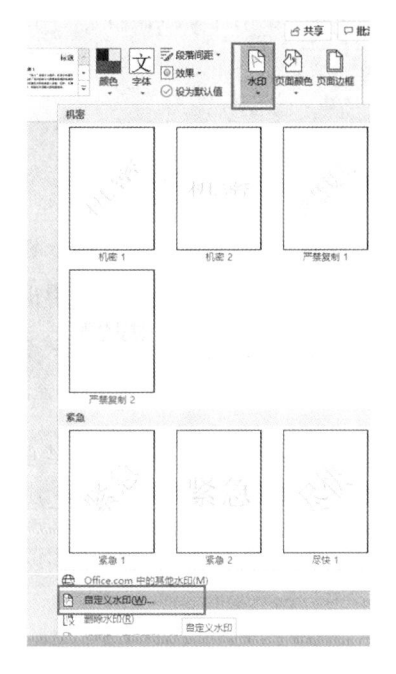

图2-8-6 自定义水印的设置

(2)在"自定义水印"选项中选择"文字水印",并在"文字"中输入需要的文字,单击"确定"完成,如图2-8-7所示。

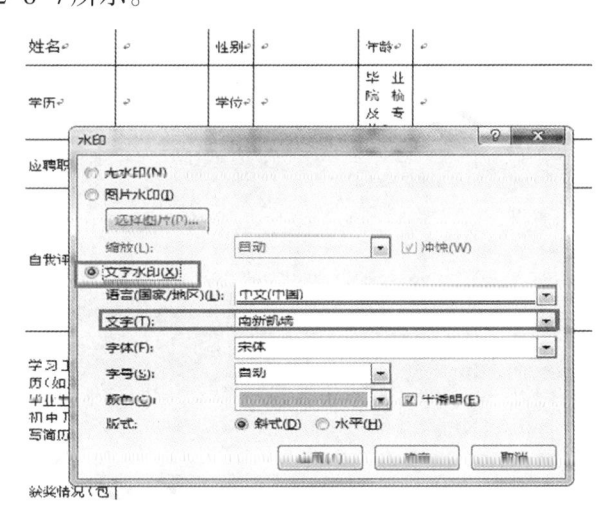

图2-8-7 文字水印的设置

8.完成此任务,并将此文档保存在教师指定文件夹中。

考试大纲

表格的创建、修改;表格的修饰;表格中数据的输入与编辑;数据的排序和计算。

【考点分析】

[考点]表格

表格,又称为表,既是一种可视化交流模式,又是一种组织整理数据的手段。人们在通信交流、科学研究以及数据分析活动当中广泛采用形形色色的表格。各种表格常常会出现在印刷介质、手写记录、计算机软件、建筑装饰、交通标志等许多地方。随着上下文的不同,用来确切描述表格的惯例和术语也会有所变化。此外,在种类、结构、灵活性、标注法、表达方法以及使用方面,不同的表格之间也各不相同。在各种书籍和技术文章当中,表格通常放在带有编号和标题的浮动区域内,以此区别于文章的正文部分。

任务九 制作面试通知书

学习目标

1.了解邮件合并的主要功能。

2.掌握邮件合并基本原理和操作方法。

3.能熟练运用邮件合并功能解决实际办公任务,快速高效完成批量文档制作。

学习重点

选取数据源,插入合并域。

学习难点

个性化文档的批量制作。

任务描述

南新百货凯瑞新都人力资源部文秘丽丽接到一个紧急任务,需要在30分钟以内制作50人的面试通知书。

任务分析

面试通知书的内容是一致的,只是邀请人的姓名及面试部门不同,借助邮件合并的相关知识解决该问题,提高工作效率。

操作步骤

1.启动Word 2019,准备好主文档《南新百货凯瑞新都面试通知模板》和数据源《面试名单》,如图2-9-1、图2-9-2所示。

南新百货凯瑞新都面试通知

尊敬的_____先生/女士：

感谢您对我公司的信任与支持，您的应聘资料经审核符合我公司面试要求，请您于8月15日早上9时携带如下资料至我公司_____面试。如不能前来，请提前电话通知我们。

面试资料如下：身份证、毕业证、学位证、国家职称证、英语和计算机等级证书原件，其他有效证书原件及成果证明。

南新百货凯瑞新都人力资源部
2019 年 7 月 15 日

图 2-9-1　主文档内容

南新百货凯瑞新都面试名单

姓名	性别	面试部门
张鹏	男	营业部
李小锋	男	后勤部
叶平	女	营业部
王吉	男	人力资源部
李伟	男	营业部
梁小平	男	财务部
蔡国庆	男	营业部
胡小峰	男	财务部
石林	女	发展部
冉城	女	营业部
况林	男	人力资源部
张艺	女	营业部
李平	男	发展部
林小小	女	营业部
周小玲	女	推广部
林月	女	营业部

图 2-9-2　数据源内容

2.打开主文档,确定需要插入数据源的地方,如图2-9-3所示的方框区域,为邮件合并做好准备。

图2-9-3　确定插入数据源的地方

3.单击"邮件"选项卡,选择"开始邮件合并"中的"信函",如图2-9-4所示。

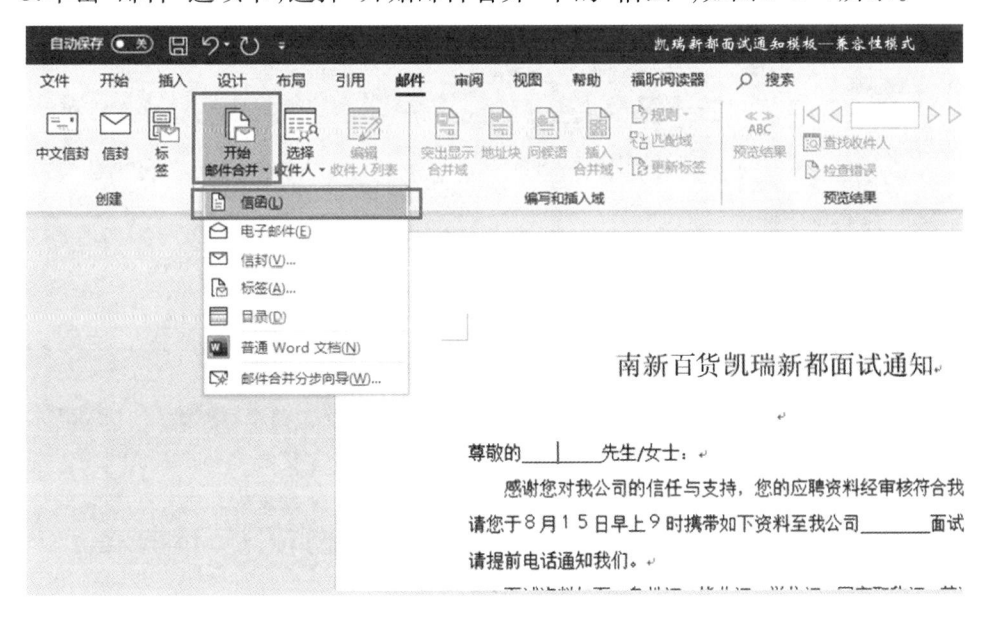

图2-9-4　开始邮件合并

4.选择"选择收件人"选项中的"使用现有列表",在弹出来的对话框中通过浏览找到已经准备好的数据源,完成主文档和数据源的链接,如图2-9-5、图2-9-6所示。

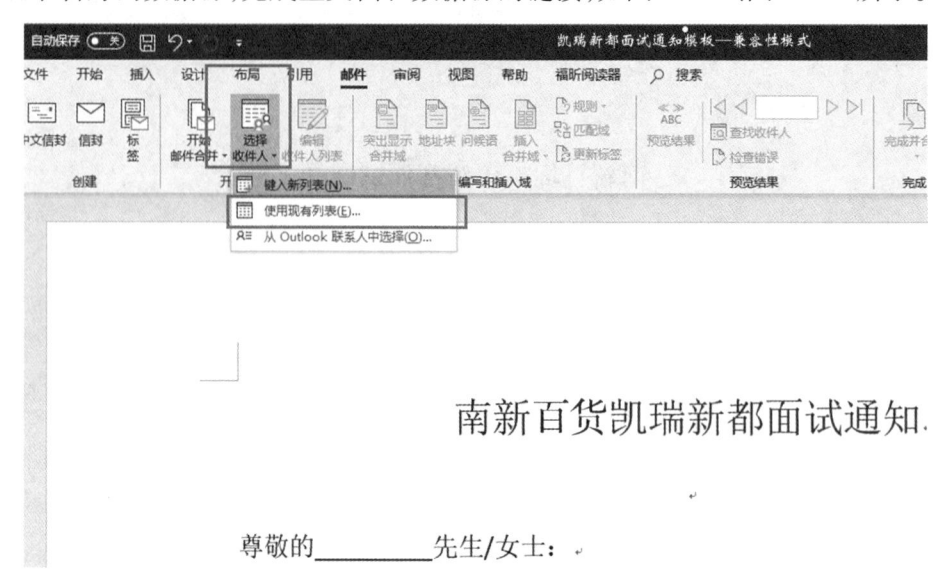

图2-9-5 选择收件人

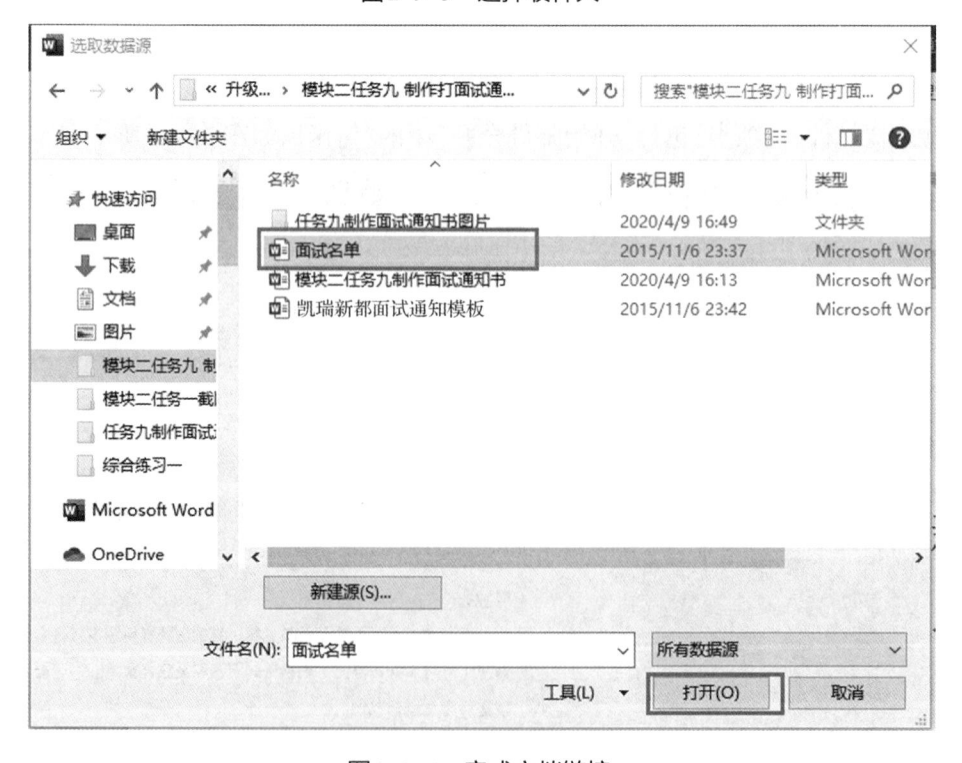

图2-9-6 完成文档链接

5.完成主文档和数据源的链接后,会发现菜单栏中的"插入合并域"按钮变为可使用状态,这时需要进行"插入合并域"的编辑,将数据源中的"姓名"选项和"面试部门"选项数据插入主文档对应的地方。首先光标定位到:"先生/女士"前面的横线上,然后单击"插入合并域",选择"姓名",如图2-9-7所示。把光标定位在"至我公司＿＿＿面试"的横线上,单击"插入合并域",选择"面试部门",完成后如图2-9-8所示。

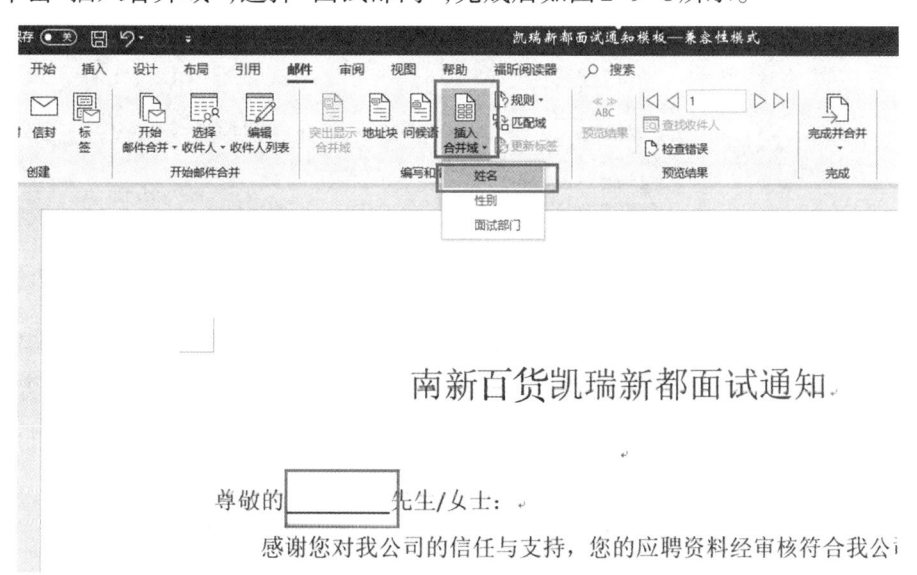

图2-9-7 插入合并域"姓名"

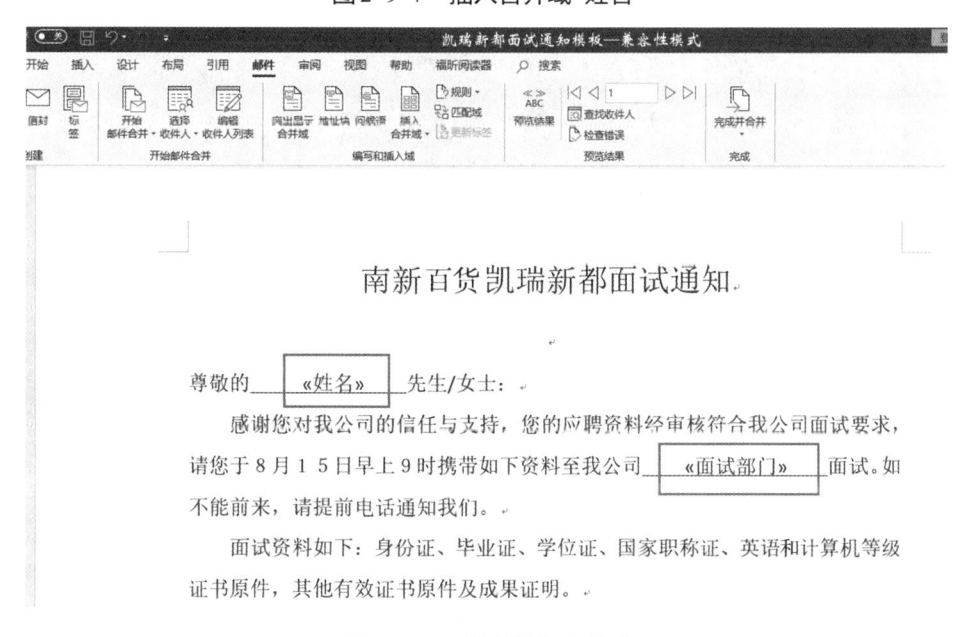

图2-9-8 完成插入合并域

6.选择"预览结果",就可以看到完成邮件合并后的第一张作品的预览效果。若不符合要求则返回前面的步骤重新制作,符合新要求则进入下一步,如图2-9-9所示。

图2-9-9 预览结果

7.选择"完成并合并"选项中的"编辑单个文档",如图2-9-10所示。在弹出来的对话框中,选择"合并记录"为"全部",单击"确定",如图2-9-11所示。此时邮件合并的全部结果会单独以一个Word文稿的形式出现。在新文档中可以看到所有人员的面试通知均已制作完成。

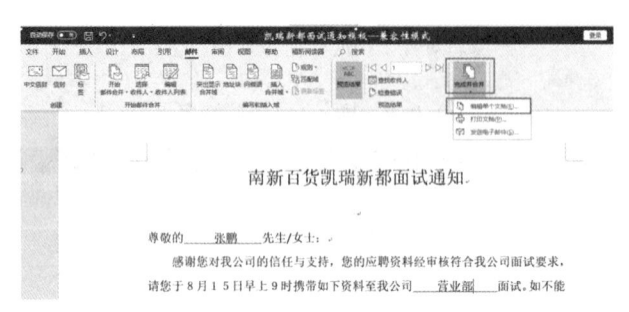

图2-9-10 编辑单个文档

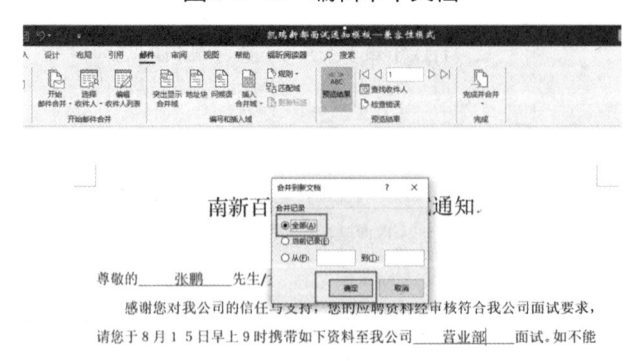

图2-9-11 合并到新文档

8.保存好所需的文档后关闭Word窗口。

考试大纲

字体格式设置、段落格式设置、文档页面设置、文档背景设置和文档分栏等基本排版技术。

【考点分析】

[考点1]邮件合并

邮件合并是Office Word软件中批量处理的功能。在Office中,先建立两个文档:一个Word,包括所有文件共有内容的主文档(比如未填写的信封等)和一个Excel(或其他支持的格式),包括变化信息的数据源(如填写的收件人、发件人、邮编等),然后使用邮件合并功能在主文档中插入变化的信息,用户可以将合成后的文件保存为Word文档,可以分页独立打印出来,也可以以邮件形式发出去。

[考点2]邮件合并应用领域

1.批量打印信封:按统一的格式,将电子表格中的邮编、收件人地址和收件人打印出来。

2.批量打印信件和请柬:主要是从电子表格中调用收件人,换一下称呼,信件内容基本固定不变。

3.批量打印工资条:从电子表格调用数据。

4.批量打印个人简历:从电子表格中调用不同字段数据,每人一页,对应不同信息。

5.批量打印学生成绩单:从电子表格成绩中取出个人信息,并设置评语字段,编写不同评语。

6.批量打印各类获奖证书:在电子表格中设置姓名、获奖名称和等级,在Word中设置打印格式,可以打印众多证书。

7.批量打印准考证、明信片等。

任务十　打印面试通知书

学习目标

1. 了解文档打印的功能。
2. 掌握打印机的安装方法,掌握打印文档的操作方法。
3. 能熟练运用打印功能,完成文档的打印。

学习重点

打印预览及调整,打印文档。

学习难点

打印机的安装。

任务描述

南新百货凯瑞新都人力资源部文秘丽丽,在完成面试通知书编辑后,需要将50人的面试通知书全部打印出来。

任务分析

本次的任务首先需要将打印机正确安装并与电脑连接,其次为打印机安装驱动程序,保证打印机能够正常运行;再次,需要了解文档打印输出的相应操作。

操作步骤

1.正确连接打印机。以爱普生L4168打印机(喷墨打印机)为例,如图2-10-1所示。

图 2-10-1　爱普生L4168

(1)将打印机所有保护材料去掉,如图2-10-2所示。

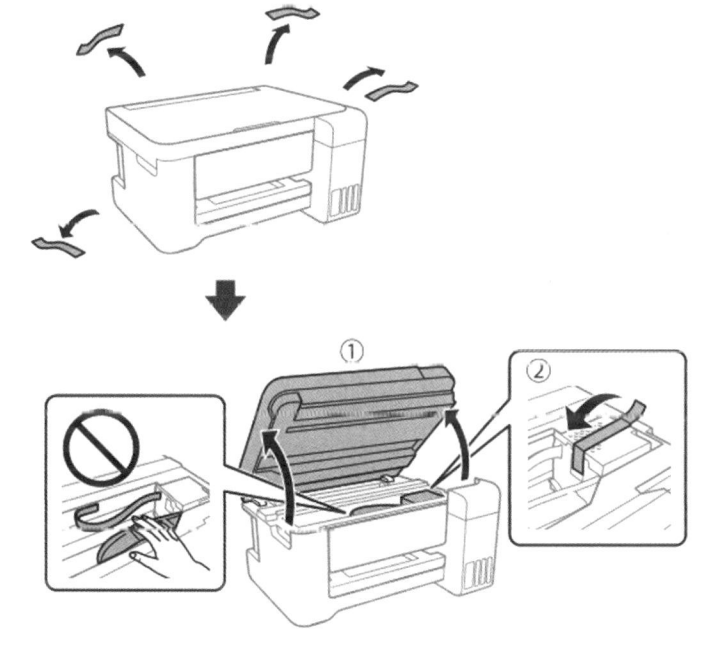

图 2-10-2　去除产品保护材料

（2）打开墨仓盖和墨仓塞,加入墨水,注意每个墨仓有颜色标记,需对应加入,另外墨水高度不可超过最高上限(此为喷墨打印机加注方式)。

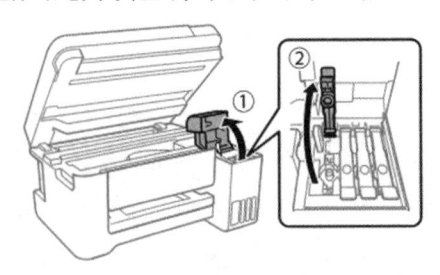

图2-10-3　打开墨仓盖和墨仓塞

（3）连接USB线。配套的线一端接入打印机USB接口,一端接入电脑主机接口。

（4）接入电源线,如图2-10-4所示。

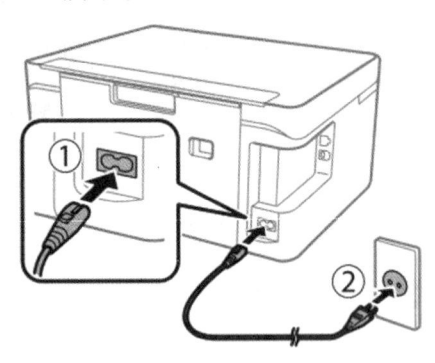

图2-10-4　连接电源线

（5）打开电源键,在液晶显示屏中设置语言为"中文"。按下"打印键"进行打印机初始化,进行首次充墨。大约十分钟后显示屏显示为"初始化完成",则完成充墨,如图2-10-5所示。

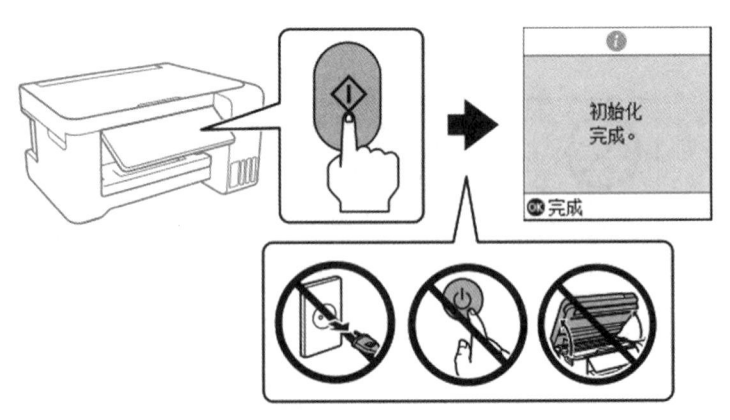

图2-10-5　初始化打印机

(6)将打印纸装入纸槽。至此,打印机的安装完成。

2. 为笔记本电脑添加打印机,进行此步骤前需确认笔记本电脑和打印机处于同一局域网中或者连接在同一个无线网络路由中,且打印机已经设置为共享。

(1)进入控制面板,单击"查看设备和打印机",如图2-10-6所示。

图2-10-6　查看设备和打印机

(2)在弹出的窗口中可查看已连接的打印机设备,若未找到需要使用的打印机则单击"添加打印机",如图2-10-7所示。

图2-10-7　添加打印机

（3）系统会自动搜索出可以添加的打印机，如图2-10-8所示。选择需要安装的打印机后单击"下一步"，完成添加。

图2-10-8　搜索打印机

3.打开已经制作好的面试通知书，在Word应用程序中完成打印预览和打印。

（1）单击"文件""打印"。在此页面中可以预览打印效果，如果打印效果不符合预期，则返回编辑窗口对文档进行重新编辑，直到符合要求为止。同时在打印设置页面，单击"设置"中的内容可以选择不同的打印范围，如图2-10-9所示。

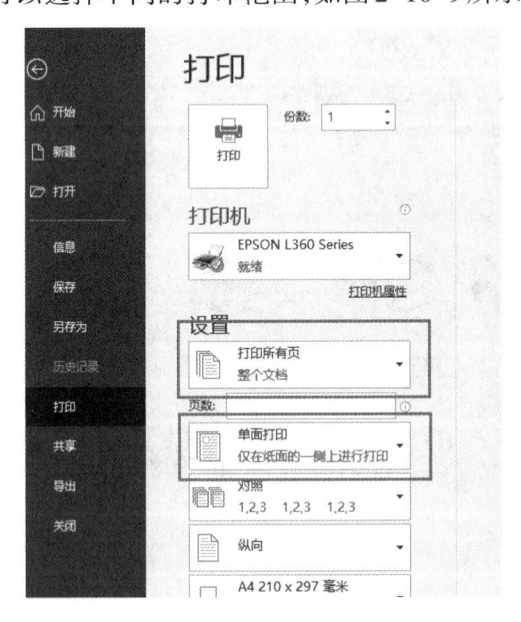

图2-10-9　设置打印范围

（2）设置完成后，单击"打印"按钮即可完成打印。

考试大纲

文档的保护和打印。

【考点解析】

[考点] 文档的保护

"文档保护"能够以各种方式保护文档，如仅授予某些用户编辑、批注或读取文档的权限。

Excel表格设计

模块三

学习导航

■ 任务一:制作销售量统计表(2课时)

　　知识点:Excel工作界面,相关概念,工作簿及工作表的操作

■ 任务二:制作进货统计表(2课时)

　　知识点:数据输入,行、列操作,单元格格式设置,插入批注

■ 任务三:制作学习成绩表(2课时)

　　知识点:自定义公式、函数

■ 任务四:处理销售统计表数据(4课时)

　　知识点:排序、筛选、分类汇总、合并计算

■ 任务五:制作分析图表(2课时)

　　知识点:创建与编辑图表,条件格式

■ 任务六:创建数据透视表和数据透视图(2课时)

　　知识点:创建与编辑数据透视表和数据透视图

■ 任务七:制作与分析下载量统计表(2课时)

　　知识点:综合知识运用

任务一　制作销售量统计表

学习目标

1. 认识 Excel 2019 工作界面。
2. 了解 Excel 2019 的相关概念。
3. 熟练掌握工作簿及工作表的操作。
4. 掌握工作表的页面格式设置。

学习重点

工作簿及工作表的操作。

学习难点

工作簿及工作表的操作。

任务描述

经理给慧慧快餐屋的员工布置一项任务,制作一份简单的第一季度销售量统计表。

任务分析

启动 Excel 2019,新建并保存一个 Excel 2019 工作簿,对工作表重命名,进行工作表的插入、删除、移动、复制和套用表格格式等操作,完成工作表。

操作步骤

1.新建工作簿。单击"开始""Excel",启动后再单击"空白工作簿",新建 Excel 工作簿,如图 3-1-1 所示。

模块三　Excel表格设计

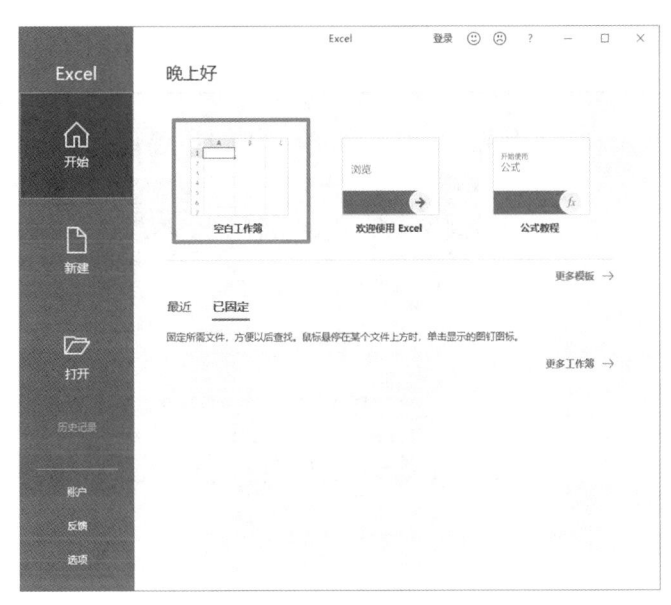

图3-1-1　新建Excel工作簿

2.录入数据。在Sheet1中录入如图3-1-2所示的数据。

图3-1-2　销售量统计表表格文字

3.字体设置。选定指定的单元格或单元格区域,单击"开始"选项卡,在"字体"功能区中,使用"字体"选框,将单元格B6的文字字体设置成方正舒体,将单元格区域C3:E3的文字字体设置成隶书,将单元格区域C4:E9的文字字体设置成"华文彩云"。

141

4.套用表格格式。选定单元格区域B3:E9,在"开始"选项卡中选择"套用表格格式"菜单中的"蓝色,表样式中等深浅9",如图3-1-3所示。这时会出现"套用表格式"对话框,单击"确定"按钮,为单元格区域B3:E9设置套用表格格式。

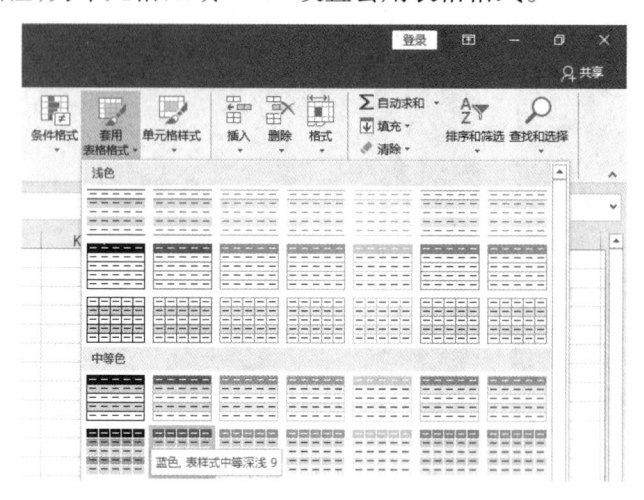

图3-1-3　套用表格格式

5.重命名。双击Excel窗口左下方的工作表"Sheet1",从键盘直接录入"第一季度销售表",将Sheet1工作表重命名为"第一季度销售表",如图3-1-4所示。

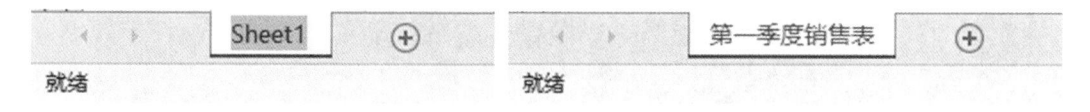

图3-1-4　工作表重命名

6.新建工作表。单击"⊕"按钮,在"第一季度销售表"后插入新工作表Sheet2,如图3-1-5所示。

图3-1-5　插入新工作表

7.移动工作表。鼠标左键拖动"第一季度销售表"到Sheet2后面,完成"第一季度销售表"的移动操作。

8.复制工作表。单击鼠标右键"第一季度销售表",在弹出的菜单中选择"移动或复制工作表"命令,此时在弹出的对话框中选择"Sheet2",勾选"建立副本",单击"确定"按钮,将"第一季度销售表"复制一份放在Sheet2前面,如图3-1-6所示。

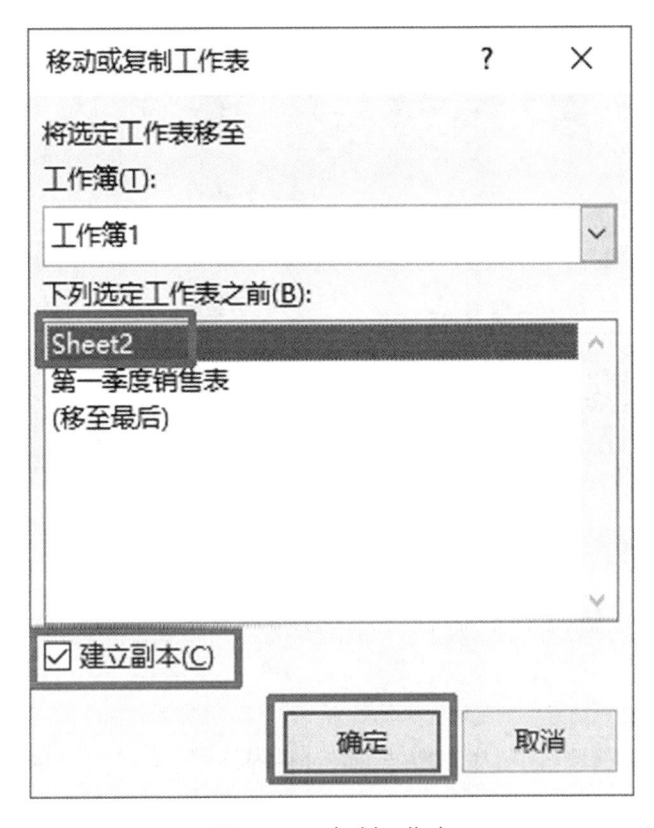

图3-1-6 复制工作表

9.删除工作表。右击Sheet2,在弹出的快捷菜单中选择"删除"命令,删除Sheet2。若删除的工作表内没有数据,则工作表可直接被删除;若删除的工作表内有数据内容,则会弹出一个对话框警告。若仍要删除该有数据的工作表,就单击"删除"按钮;若想要取消删除操作,则单击"取消"按钮。

10.页面布局。选中"第一季度销售表",单击"页面布局"选项卡,选择"纸张大小"菜单中的"A4",将"纸张人小"设置为A4。选择"纸张方向"菜单中的"横向",将"纸张方向"设置为横向。选择"页边距"菜单中的"自定义页边距",设置页眉和页脚都为1.5厘米,上、下都为2.5厘米,左、右都为3厘米。

11.打印。选择左上角"文件"菜单中的"打印",把打印份数调整为5,选择好打印机,单击"打印"按钮,打印5份"第一季度销售表"。

12.保存。单击Excel左上方的"保存"按钮或单击"文件""另存为"对话框,在对话框中选择好教师指定的保存位置,将文件名改为"实例3-1",单击"保存"按钮,保存该Excel文件,如图3-1-7所示。

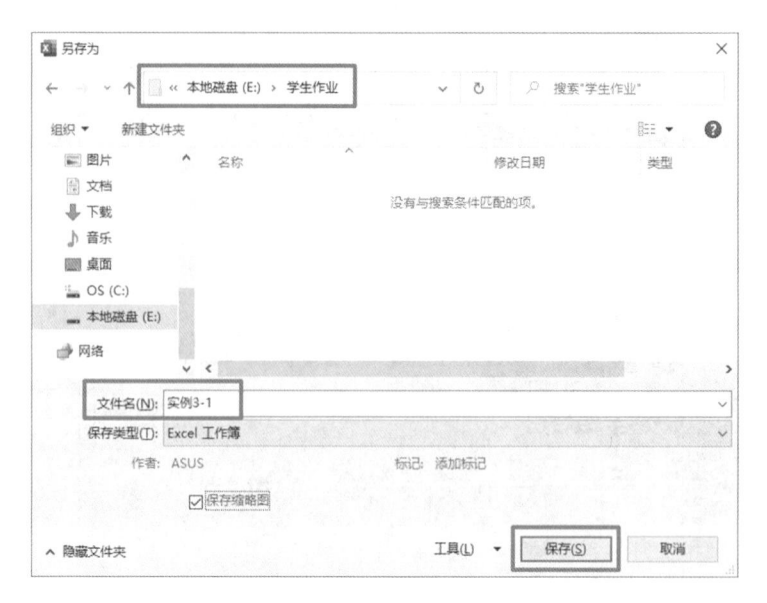

图3-1-7 "另存为"对话框

考试大纲

1.电子表格的基本概念和基本功能,Excel的基本功能、运行环境、启动和退出。

2.工作簿和工作表的基本概念和基本操作,工作簿和工作表的建立、保存和退出;数据输入和编辑;工作表和单元格的选定、插入、删除、复制、移动;工作表的重命名和工作表窗口的拆分和冻结。

3.工作表的格式化,包括设置单元格格式、设置列宽和行高、设置条件格式、使用样式、自动套用模式和使用模板等。

【考点解析】

[考点1] Excel的基本操作

1.工作表重命名:右键单击工作表标签处,选择"重命名"命令,输入题目要求的工作表名称,按Enter键。

2.建立数据表:根据题目要求在数据表的指定位置输入相应的内容和数据。

3.复制工作表:选定需要复制的工作表内容,右键单击,选择"复制"命令,打开目标工作表,右键单击指定位置,选择"粘贴"命令。

4.保存文件：选择"文件""保存"命令，如果保存时需要更换文件名则进行如下操作：选择"文件""另存为"命令，在"另存为"对话框中选择保存位置、输入文件名、选择保存类型，单击"确定"按钮。

[考点2]工作簿

工作簿指Excel环境中用来储存并处理工作数据的文件，也就是说Excel文档就是工作簿。它是Excel工作区中一个或多个工作表的集合，其扩展名为".xls"。每一本工作簿可以拥有许多不同的工作表，每个工作簿中最多可建立255个工作表。

[考点3]工作表

工作表是显示在工作簿窗口中的表格，一个工作表可以由1048576行和256列构成，行的编号从1~1048576，列的编号依次用字母A、B…AA、AB…表示，行号显示在工作簿窗口的左边，列号显示在工作簿窗口的上边。Excel默认一个工作簿有三个工作表，用户可以根据需要添加工作表，但每一个工作簿中的工作表个数受本机可用内存的限制，当前的主流配置已经能轻松建立超过255个工作表了。

任务二 制作进货统计表

学习目标

1. 熟练掌握数据输入的方法。
2. 掌握行、列操作。
3. 掌握单元格格式设置方法。

学习重点

单元格格式设置。

学习难点

数据输入的方法。

任务描述

宣宣饰品店的老板,想要制作一份精美的5月份进货统计表。

任务分析

利用行、列操作和单元格格式设置完成进货统计表的美化工作。

操作步骤

1. 新建Excel工作簿,在Sheet1中录入如图3-2-1所示的表格文字。

	A	B	C	D	E	F	G
1							
2		宣宣饰品店5月份进货统计表					
3		商品名称	上旬	中旬	下旬	5.31	
4		项链	24	19	15	0	
5		耳环	9	10	8	0	
6		发圈	33	26	30	0	
7		发夹	7	10	18	0	
8		手链	28	17	12	0	
9		发箍	0	1	0	0	
10							

图3-2-1 进货统计表表格文字

2.删除行(列)。单击行标题"9",选定第9行,在"开始"选项卡中单击"删除"菜单中的"删除工作表行"命令,删除第9行,如图3-2-2所示;单击列标题"F",选定F列,在"开始"选项卡中单击"删除"菜单中的"删除工作表列"命令,删除F列。

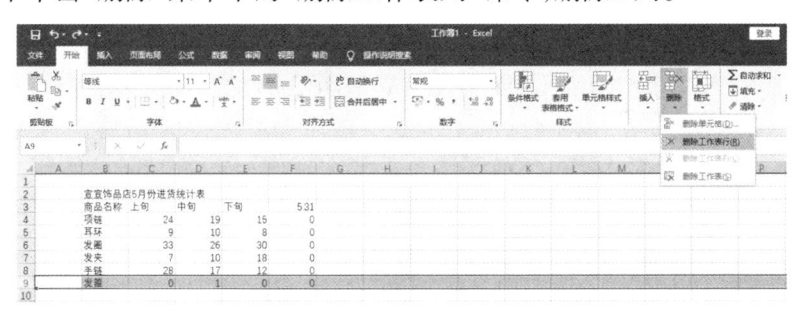

图3-2-2　删除工作表行与列

3.插入行。单击行标题"6",选定第6行,在"开始"选项卡中单击"插入"菜单中的"插入工作表行"命令,如图3-2-3所示,在第5行和第6行之间插入一个空行,并录入"戒指,12,8,15"。

图3-2-3　插入工作表行

4.移动行。选定第5行,在其上方插入一个空行;然后选定B10:E10单元格区域,用鼠标左键拖动选定区域到空行上,将第9行文字移动到第4行的下方,如图3-2-4所示。

图3-2-4　移动行

5.设置单元格格式。

(1)选定B2:E2单元格区域,首先单击"开始"选项卡内"对齐方式"功能区中的"合并后居中"按钮,将单元格区域B2:E2合并并设置居中。然后利用"字体"功能区中的"字体""字号"和"字体颜色"按钮,设置表格标题的字体为楷体,字号为16,字体颜色为蓝色。最后在"单元格"功能区的"格式"菜单中单击"行高"命令,在弹出的"行高"对话框中将行高值设置为30,单击"确定",设置表格标题的行高为30,如图3-2-5所示。

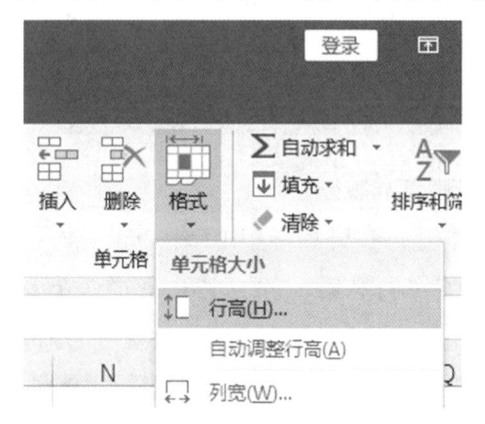

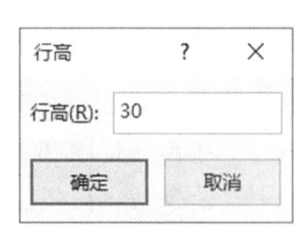

图3-2-5 设置行高

(2)设置表头(B3:E3单元格区域)的字体为黑体,字号为12,对齐方式为居中。设置单元格区域B4:E9的字体为幼圆,对齐方式为居中。单击列标题"B",然后按住拖动到列标题"E"位置,使B、C、D、E列都被选定。在"单元格"功能区的"格式"菜单中单击"列宽"命令,在弹出的"列宽"对话框中将列宽值设置为10,单击"确定",设置B、C、D、E列的列宽为10,如图3-2-6所示。

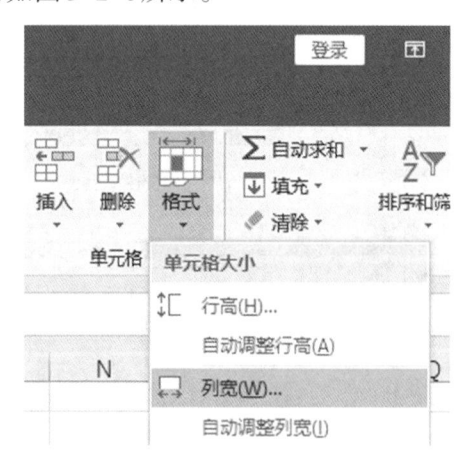

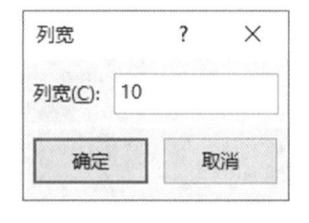

图3-2-6 设置列宽

(3)选定B3:E9单元格区域,单击"开始"选项卡中"字体"功能区内"边框"按钮右侧的三角形按钮。在弹出的菜单中选择最后的"其他边框"选项,弹出"设置单元格格式"对话框。在对话框中先把"颜色"设置为蓝色,然后在"样式"框内选择粗实线,再单击"外边框"按钮,接着又在"样式"框内选择点短横线,再单击"内部"按钮,最后单击"确定",将单元格区域B3:E9的外边框设置为蓝色粗实线,将内边框设置为蓝色的点短横线,如图3-2-7所示。

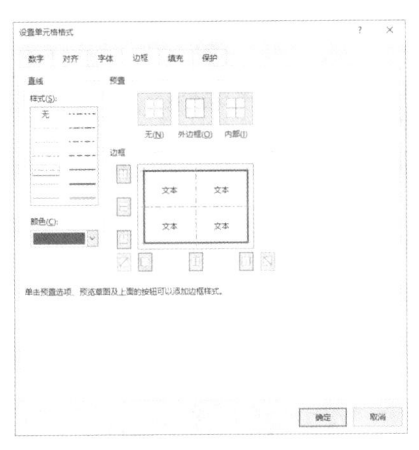

图3-2-7　边框设置

6.底纹。分别选定B3:E3和B4:E9单元格区域,利用"开始"选项卡中"字体"功能区内"填充颜色"按钮,为表头添加黄色底纹,为B4:E9单元格区域添加浅蓝色底纹。

7.批准。选定C8单元格,单击"审阅"选项卡中的"新建批注"按钮,如图3-2-8所示。这时直接在批注框内录入"进货量最高",为单元格C8添加内容为"进货量最高"的批注。

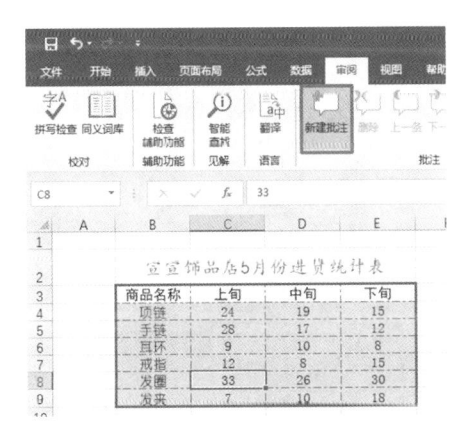

图3-2-8　添加批注

8.保存。将该Excel文件命名为"实例3-2",保存在教师指定文件夹中。

考试大纲

工作表的格式化,包括设置单元格格式、设置列宽和行高、设置条件格式、使用样式、自动套用模式和使用模板等。

【考点解析】

[考点1]电子表格的格式设置

1.选定需要设置的单元格,在"开始"选项卡的"数字"分组中,单击"设置单元格格式"按钮,在"数字"选项卡中设置单元格的数字格式。

2.在"对齐方式"选项卡中设置对齐方式。

3.在"字体"选项卡中设置单元格中的字体格式。

4.在"边框"选项卡中设置单元格的边框样式及边框颜色。

[考点2]行列的设置

1.设置行高和列宽:在"开始"选项卡的"单元格"分组中,单击"格式"下拉三角按钮,选择"行高"("列宽"),在对话框中按题目要求输入行高(列宽)数值,单击"确定"按钮。

2.删除行(列):选定需要删除的行(列),右键单击选定的区域,选择"删除"命令。

任务三 制作学习成绩表

学习目标

1. 掌握自定义公式插入的方法。
2. 掌握常用函数的使用方法。

学习重点

自定义公式的插入。

学习难点

常用函数的使用方法。

任务描述

李雪是班主任,期末时要制作全班学生的学习成绩表。

任务分析

利用自定义公式和常用函数对学生成绩进行计算操作。

操作步骤

1. 新建。新建 Excel 工作簿，在 Sheet1 中录入如图 3-3-1 所示的表格文字。

	A	B	C	D	E	F	G	H	I
1									
2		学习成绩表							
3		学号	姓名	数学	语文	英语	德育	总分	平均分
4		s211001	党利英	67	82	67	80		
5		s211002	邓武	55	75	67	79		
6		s211003	田英	78	82	78	66		
7		s211004	孙炳	80	78	66	77		
8		s211005	李刚	66	76	65	63		
9		s211006	刘海华	68	72	63	67		
10		s211007	赵伟	70	69	80	70		
11		s211008	赵丽华	77	86	86	83		
12		s211009	孙亚平	45	70	52	60		
13		s211010	王硕	66	85	71	78		
14		总分							
15		平均分							
16		最高分							
17		最低分							
18		总人数							
19		及格人数							
20		及格率							

图 3-3-1　学习成绩表表格文字

2. 求和。选定单元格区域 D4:G4，单击"开始"选项卡中"编辑"功能区内的"Σ 自动求和"按钮，第一个学生的总分便计算出来了。选定单元格 H4，拖动选框右下角的填充柄至单元格 H13，计算每位学生的总分，如图 3-3-4 所示。

3. 平均值。选定单元格 I4，单击"开始"选项卡中"编辑"功能区内"Σ 自动求和"按钮右侧的三角形按钮，在弹出的菜单中选择"平均值"选项，接着选定单元格区域 D4:G4，按键盘上的回车键，便计算出第一个学生的平均分。选定单元格 I4，拖动选框右下角的填充柄至单元格 I13，计算每位学生的平均分，如图 3-3-4 所示。

将单元格区域 B14:C14、B15:C15、B16:C16、B17:C17、B18:C18、B19:C19 和 B20:C20 合并并设置居中，利用相同方法计算每个学科的总分和平均分，如图 3-3-4 所示。

4. 最大值。选定单元格 D16，单击"开始"选项卡中"编辑"功能区内"Σ 自动求和"按钮右侧的三角形按钮，在弹出的菜单中选择"最大值"选项，接着选定单元格区域 D4:D13，按键盘上的回车键，便计算出"数学"学科的最高分。选定单元格 D16，拖动选框右下角的填充柄至单元格 G16，计算每个学科的最高分，如图 3-3-4 所示。

5. 最小值。选定单元格 D17，单击"开始"选项卡中"编辑"功能区内"Σ 自动求和"按钮右侧的三角形按钮，在弹出的菜单中选择"最小值"选项，接着选定单元格区域

D4:D13,按键盘上的回车键,便计算出"数学"学科的最低分。选定单元格D17,拖动选框右下角的填充柄至单元格G17,计算每个学科的最低分,如图3-3-4所示。

6.计数。选定单元格D18,单击"开始"选项卡中"编辑"功能区内"Σ自动求和"按钮右侧的三角形按钮,在弹出的菜单中选择"计数"选项,接着选定单元格区域D4:D13,按键盘上的回车键,便计算出参考"数学"学科的学生总人数。选定单元格D18,拖动选框右下角的填充柄至单元格G18,计算每个学科的参考学生总人数,如图3-3-4所示。

7.条件统计。选定单元格D19,单击"开始"选项卡中"编辑"功能区内"Σ自动求和"按钮右侧的三角形按钮,在弹出的菜单中选择"其他函数"选项,在"插入函数"对话框中把"或选择类别"设置为"统计",在函数框中选择"COUNTIF"函数,单击"确定",如图3-3-2所示。这时弹出COUNTIF函数参数设置对话框,当光标停留在Range框内时,选定单元格区域D4:D13,"D4:D13"便自动填入Range框内;然后单击Criteria框,输入">=60",单击"确定",如图3-3-3所示,便计算出"数学"学科的及格人数。选定单元格D19,拖动选框右下角的填充柄至单元格G19,计算每个学科的及格人数,如图3-3-4所示。

图3-3-2 插入COUNTIF函数

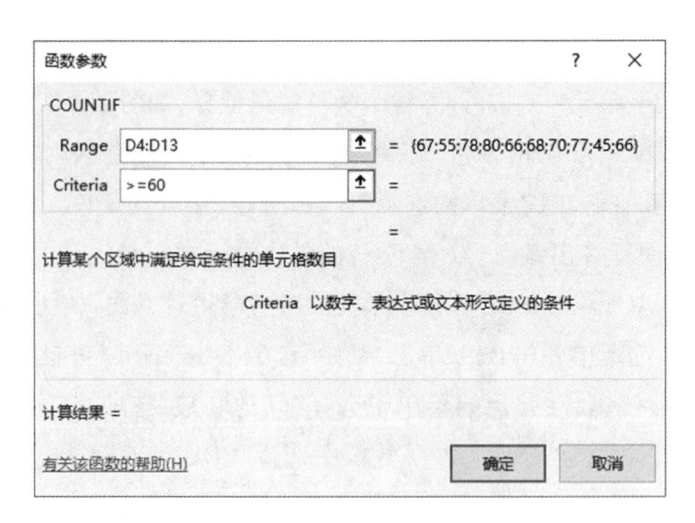

图 3-3-3 COUNTIF函数参数设置

8.百分率。选定单元格D20,先输入等号"=",单击D19单元格,又输入除号"/",然后单击D18单元格,最后按键盘上的回车键,便计算出"数学"学科的及格率。选定单元格D20,拖动选框右下角的填充柄至单元格G20,计算每个学科的及格率,单击"开始"选项卡中"数字"功能区内的"%"按钮,如图3-3-4所示。

9.格式调整。将单元格区域B2:I2合并并设置居中,设置表格标题的字号为20,行高为30。设置单元格区域B3:I20的字号为12,对齐方式为居中,表格框线都为细实线,如图3-3-4所示。

学号	姓名	数学	语文	英语	德育	总分	平均分
s211001	党利英	67	82	67	80	296	74
s211002	邓武	55	75	67	79	276	69
s211003	田英	78	82	78	66	304	76
s211004	孙炳	80	78	66	77	301	75.25
s211005	李刚	66	76	65	63	270	67.5
s211006	刘海华	68	72	63	67	270	67.5
s211007	赵伟	70	69	80	70	289	72.25
s211008	赵丽华	77	86	86	83	332	83
s211009	孙亚平	45	70	52	60	227	56.75
s211010	王硕	66	85	71	78	300	75
总分		672	775	695	723		
平均分		67.2	77.5	69.5	72.3		
最高分		80	86	86	83		
最低分		45	69	52	60		
总人数		10	10	10	10		
及格人数		8	10	9	10		
及格率		80%	100%	90%	100%		

图 3-3-4 学习成绩表

10.保存。将该Excel文件命名为"实例3-3",保存在教师指定文件夹中。

考试大纲

单元格绝对地址和相对地址的概念,工作表中公式的输入和复制,常用函数的使用。

[考点]数据处理的知识点

1.单元格引用的概念:单元格引用是指单元格在表中的坐标位置的标识。

2.自定义公式的插入:将光标定位到需要插入公式的单元格,输入"=",再输入所需自定义公式。

3.常用函数的使用方法。将光标定位到需要插入函数的单元格,选定"公式",然后单击"f(x)插入函数",在对话框中选择需要插入的函数。

任务四　处理销售统计表数据

学习目标

1. 掌握排序操作。
2. 掌握筛选操作。
3. 掌握分类汇总操作。
4. 掌握合并计算操作。

学习重点

排序操作。

学习难点

分类汇总操作。

任务描述

慧慧快餐屋的老板要对销售统计表进行数据处理。

任务分析

利用排序、筛选、分类汇总和合并计算的操作对表格进行数据处理。

操作步骤

1. 录入。新建Excel工作簿,在Sheet1中录入如图3-4-1所示的表格文字。

	A	B	C	D	E	F	G
1							
2		慧慧快餐屋1月销售统计表					
3		商品名称	类别	单价	销售量	销售额	
4		香辣鸡腿堡	主食	16	132		
5		奶茶	饮料	8	23		
6		老北京鸡肉卷	主食	15	88		
7		薯条	配餐	8	145		
8		玉米棒	配餐	5	32		
9		黄金鸡块	小食	9.5	78		
10		香辣鸡翅	小食	10	98		
11		新奥尔良烤腿堡	主食	17	98		
12		蛋挞	甜点	5.5	57		
13		骨肉相连	小食	7	156		
14		可乐	饮料	7	197		
15		橙汁	饮料	9	45		
16		红豆派	甜点	6.5	43		
17							

图3-4-1 销售统计表表格文字

2. 计算销售额。选定单元格F4,先输入"=",单击D4单元格,然后输入"*",再单击E4单元格,最后按键盘上的回车键。选定单元格F4,拖动选框右下角的填充柄至单元格F16,计算"销售额"。

3. 设置单元格格式。将单元格区域B2:F2合并并设置居中,设置表格标题的字号为14。将单元格区域B3:F3的对齐方式设置为居中,将单元格区域C4:F16的对齐方式设置为居中。

4. 复制数据并排序。插入Sheet2,在Sheet1中选定单元格区域B2:F16,按"Ctrl+C"键,再单击选定Sheet2的单元格A1,按"Ctrl+V"键,将"慧慧快餐屋1月销售统计表"的整个内容复制到Sheet2的单元格A1位置。在Sheet2中,选定单元格区域A2:E15,单击"数据"选项卡中的"排序"按钮。这时弹出"排序"对话框,具体设置如图3-4-2所示。可以将Sheet2中的表格进行"销售量"的从高到低排序,若"销售量"相等,则按照"销售额"的从高到低排序。最后单击"确定"按钮即可。

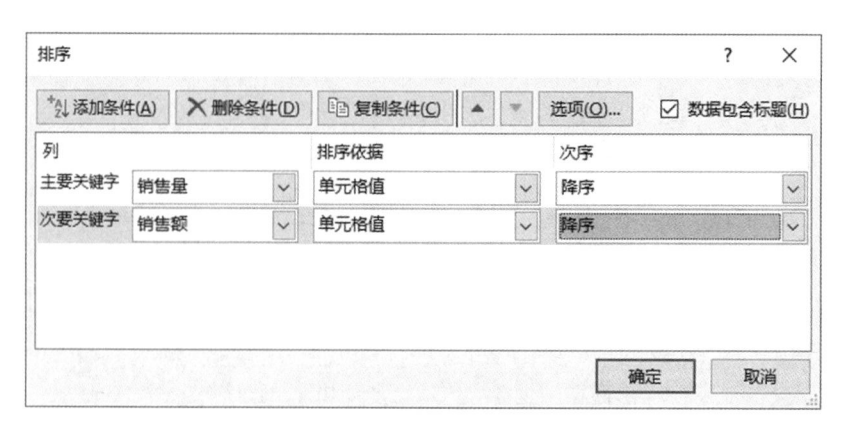

图3-4-2 "排序"对话框

5.筛选。插入Sheet3,将Sheet1中"慧慧快餐屋1月销售统计表"的整个内容复制到Sheet3的单元格A1位置。选定单元格A2,单击"数据"选项卡中的"筛选"按钮。这时表头的每个单元格都多出了一个三角形的下拉按钮。单击"类别"右侧的下拉按钮,单击"甜点"和"饮料"前面的复选框,取消"√",并单击"确定"按钮。单击"销售量"右侧的下拉按钮,在弹出的菜单中选择"数字筛选"下的"大于"选项。在弹出的"自定义自动筛选方式"对话框中做如图3-4-3所示的设置,然后单击"确定"按钮。可以筛选出Sheet3表格里在主食、配餐和小食中销售量大于100的商品。

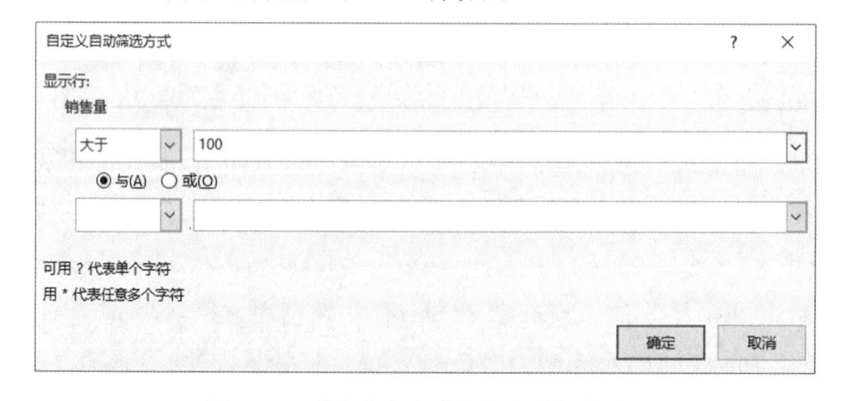

图3-4-3 "自定义自动筛选方式"对话框

6.分类汇总。插入Sheet4,将Sheet1中"慧慧快餐屋1月销售统计表"的整个内容复制到Sheet4的单元格A1位置。选定单元格区域A2:E15,单击"数据"选项卡中的"排序"按钮,在"排序"对话框中"主要关键字"选择"类别",进行升序排序,单击"确定"按钮。单击"数据"选项卡中的"分类汇总"按钮,在弹出的"分类汇总"对话框中,"分类字段"选择"类别","汇总方式"选择"求和","选定汇总项"选择"销售额",单击"确定"按钮。可以对Sheet4表格进行以"类别"为分类字段,以"销售额"为汇总项求和的分类汇总,如图3-4-4所示。

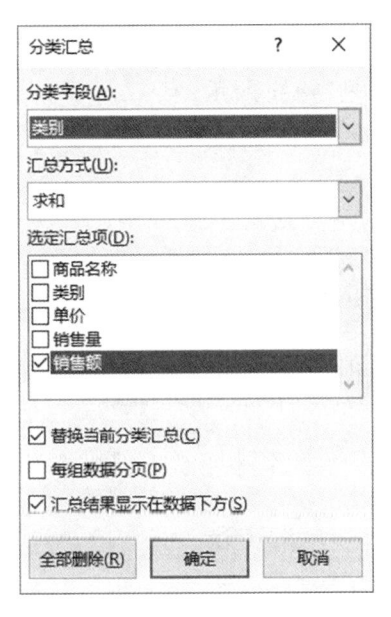

图3-4-4 "分类汇总"对话框

7.合并单元格。插入Sheet5,在Sheet5中录入如图3-4-5所示的表格文字,其中单元格区域A1:D1、A9:D9和A17:D17设置"合并后居中"。

图3-4-5 录入表格文字

8.合并计算。在Sheet5中,选定单元格A19,单击"数据"选项卡中的"合并计算"按钮。在弹出的"合并计算"对话框中,"函数"选择"求和",单击"引用位置"框,选定单元格区域A3:D7,单击"添加"按钮,再选定单元格区域A11:D15,又一次单击"添加"按钮,然后在"标签位置"处勾选"最左列",最后单击"确定"按钮,如图3-4-6所示。完成将"城东分店一季度销售统计表"和"城西总店一季度销售统计表"中的数据进行"合并计算",放在"一季度销售总表"中,如图3-4-6所示。

图3-4-6 "合并计算"对话框

9.保存。将该Excel文件命名为"实例3-4",保存在教师指定文件夹中。

考试大纲

数据清单的概念,数据清单的建立,数据清单内容的排序、筛选、分类汇总,数据合并,数据透视表的建立。

[考点]数据处理

1.数据的排序、筛选:选中需要进行排序(筛选)的区域,在"数据"选项卡的"排序和筛选"分组中,单击"排序(筛选)"按钮,单击向下箭头,选择排序或数字筛选中的"自定义筛选"选项,在对话框中设置好筛选条件,单击"确定"。

2.分类汇总的操作方法:选中需要进行分类汇总的数据区域,对汇总的数据进行排序,在"数据"选项卡的"分类汇总"分组,对数据进行分类汇总。

任务五 制作分析图表

学习目标

1. 掌握创建图表的方法。
2. 掌握编辑图表的方法。

学习重点

编辑图表。

学习难点

编辑图表。

任务描述

优酷网工作人员要对几部经典电影7月份的点播次数进行图表化的分析。

任务分析

利用创建与编辑图表的方法完成分析工作。

操作步骤

1. 新建Excel工作簿,在Sheet1中录入如图3-5-1所示的表格文字。

	A	B	C	D	E	F
1						
2		优酷网经典电影7月点播次数统计表				
3		影片名	上旬	中旬	下旬	
4		指环王3	889	1547	1035	
5		哈利波特1	1908	1876	1256	
6		卧虎藏龙	667	809	421	
7		美丽人生	122	130	89	
8		阿甘正传	151	290	238	
9		大话西游	2367	1755	2098	
10						

图3-5-1　点播次数统计表表格文字

2. 设置单元格格式。将单元格区域B2:E2合并并设置居中,设置表格标题的字体为隶书,字号为18,行高为35。设置单元格区域B3:E9的字体为幼圆,加粗,字号为14,对齐方式为居中,行高为19,列宽为14。设置单元格区域B3:E9的外边框为绿色粗虚线,内边框为绿色细点线。

3. 条件格式。选定单元格区域C4:E9,在"开始"选项卡中单击"条件格式"菜单,选择"突出显示单元格规则"中的"大于"选项。这时在弹出的"大于"对话框中左侧框内输入"1100",单击右侧下拉框,选择"自定义格式"选项,如图3-5-2所示。在弹出的"设置单元格格式"对话框中选择"填充"选项卡,设置填充颜色为浅绿色,单击"确定"。再单击"大于"对话框中的"确定"按钮,完成利用条件格式,为单元格区域C4:E9内大于1100的数字单元格添加浅绿色底纹操作。

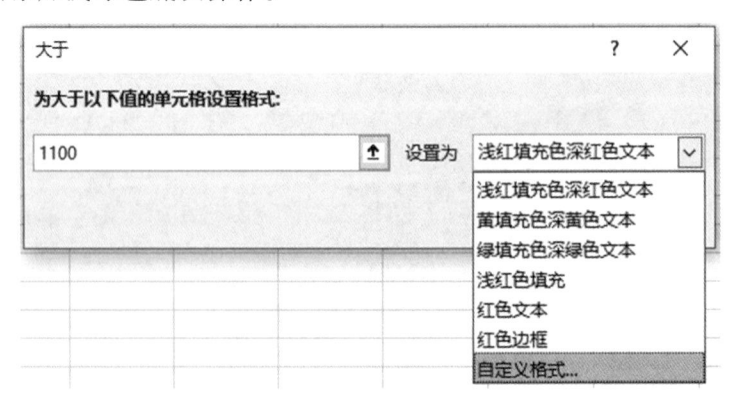

图3-5-2　"大于"对话框

4.创建图表。先选定B3:B9单元格区域,然后按住Ctrl键不放,又用鼠标选定D3:E9单元格区域,再放开Ctrl键;在"插入"选项卡中的"图表"功能区内,单击"插入柱形图或条形图"按钮,在弹出的菜单中选择"三维簇状柱形图"选项,利用单元格区域B3:B9和D3:E9的数据创建三维簇状柱形图表,如图3-5-3所示。

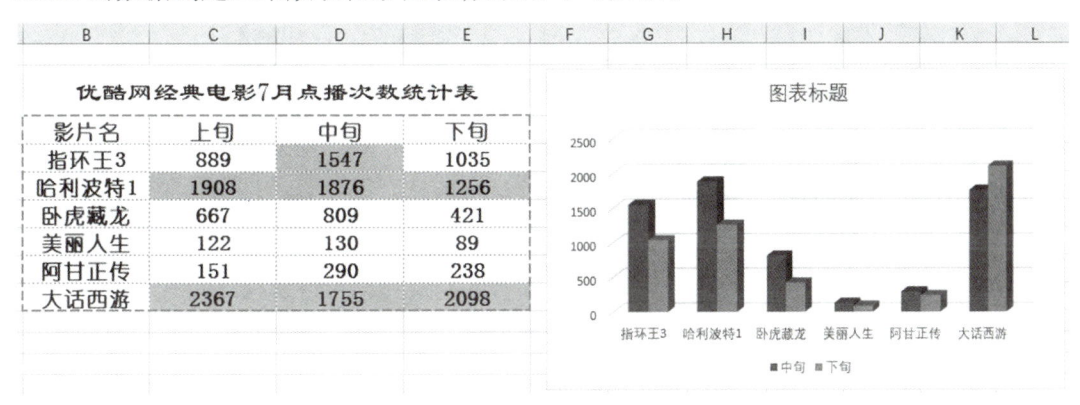

图3-5-3 三维簇状柱形图表

5.编辑三维簇状柱形图表。

(1)编辑图表标题。拉大整个图表,将"图表标题"改为"7月中下旬电影点播量分析图表",设置其字体为黑体,字号为20,字体颜色为深红色,如图3-5-4所示。

(2)添加坐标轴标题。在窗口上方新增加的"图表工具"选项卡内单击"设计"选项卡,单击"添加图表元素"按钮,在弹出的菜单中选择"坐标轴标题"中的"主要横坐标轴",使用相同方法再选择"主要纵坐标轴"。然后在图表中,将横坐标轴标题改为"影片名",纵坐标轴标题改为"点播量"。选择"格式"选项卡,将两者的"形状样式"选择为"强烈效果-绿色,强调颜色6",并且设置两者的字体为黑体,字号为14,如图3-5-4所示。

(3)设置坐标轴格式。单击选定横坐标轴的文字,设置其字号为11。单击选定纵坐标轴的数字,设置其字号为11。双击纵坐标轴的数字,在右侧"设置坐标轴格式"中,将"最大值"设置为2200,"最小值"设置为200,然后关闭"设置坐标轴格式",如图3-5-4所示。

(4)设置图例格式。选定图例,选择"设计"选项卡,单击"添加图表元素"按钮,在弹出的菜单中选择"图例"中的"右侧"。单击"格式"选项卡,将"形状样式"选择为"细微效果-灰色,强调颜色3",最后设置图例的字体为黑体,字号为16,如图3-5-4所示。

(5)添加数据标签。选择"设计"选项卡,单击"添加图表元素"按钮,在弹出的菜单中选择"数据标签"中的"其他数据标签选项"。关闭右侧的"设置数据标签格式",如图3-5-4所示。

(6)添加网格线。单击"添加图表元素"按钮,在弹出的菜单中选择"网格线"中的"主轴主要垂直网格线",如图3-5-4所示。

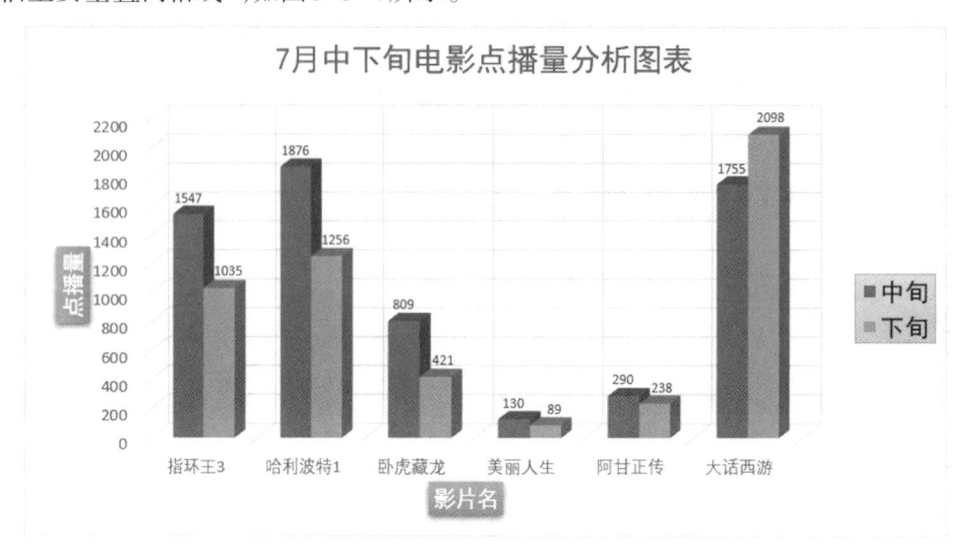

图3-5-4　7月中下旬电影点播量分析图表

6.保存。将该Excel文件命名为"实例3-5",保存在教师指定文件夹中。

考试大纲

图表的建立、编辑和修改以及修饰。

[考点]数据分析

创建与编辑数据图表:选定需要建立图表的数据,在"插入"选项卡的"图表"组中,单击"创建图表"按钮,弹出插入图表对话框,在"布局"选项卡中进行布局操作。

任务六 创建数据透视表和数据透视图

学习目标

1. 掌握创建与编辑数据透视表的方法。
2. 掌握创建与编辑数据透视图的方法。

学习重点

创建与编辑数据透视表。

学习难点

创建与编辑数据透视表。

任务描述

鑫源大酒店人力资源部秘书对员工6月考勤表进行透视分析。

任务分析

使用创建与编辑数据透视表和数据透视图的方法完成透视分析。

操作步骤

1.新建Excel工作簿,在Sheet1中录入如图3-6-1所示的表格文字。

	A	B	C	D
1	鑫源大酒店员工6月考勤表			
2	日期	姓名	部门	迟到
3	2020/6/4	邓林	餐饮部	0
4	2020/6/4	李明	保安部	0
5	2020/6/7	杨小月	前厅部	0
6	2020/6/8	郑军	餐饮部	0
7	2020/6/11	吴昊	餐饮部	0
8	2020/6/13	王成功	客房部	0
9	2020/6/13	陈小红	保安部	0
10	2020/6/19	王成功	客房部	0
11	2020/6/20	胡丽	餐饮部	0
12	2020/6/20	王成功	客房部	0
13	2020/6/20	陈小红	保安部	0
14	2020/6/20	孙艳	客房部	0
15	2020/6/22	徐茜	餐饮部	0
16	2020/6/23	刘兵	保安部	0
17	2020/6/23	汪向阳	前厅部	0
18	2020/6/26	郑军	餐饮部	0
19	2020/6/26	邓林	餐饮部	0
20	2020/6/26	李明	保安部	0
21	2020/6/26	陈小红	保安部	0
22	2020/6/27	张婷	客房部	0
23	2020/6/27	郑军	餐饮部	0

图3-6-1　考勤表表格文字

2.创建数据透视表。使用Sheet1中"鑫源大酒店员工6月考勤表"的数据,以"部门"为"筛选"项,以"姓名"为"列"标签,以"日期"为"行"标签,以"迟到"为"值",从Sheet2的单元格A1起创建数据透视表,如图3-6-3所示。

(1)插入Sheet2,选定Sheet2的单元格A1,单击"插入"选项卡的"数据透视表"按钮,在弹出的"创建数据透视表"对话框中,单击"表/区域"框,用鼠标选定Sheet1中的单元格区域A2:D23,然后单击"确定"按钮。

(2)在窗口右侧出现的"数据透视表字段"中,将"部门"字段拖动到"筛选"框内,将"姓名"字段拖动到"列"框内,将"日期"字段拖动到"行"框内,将"迟到"字段拖动到"值"框内。单击"求和项:迟到"按钮,在弹出的菜单中选择"值字段设置"选项。在弹出的"值字段设置"对话框中选择"计数"选项,然后单击"确定"按钮。这时"数值"框内的"求和项:迟到"已变成"计数项:迟到",如图3-6-2所示。

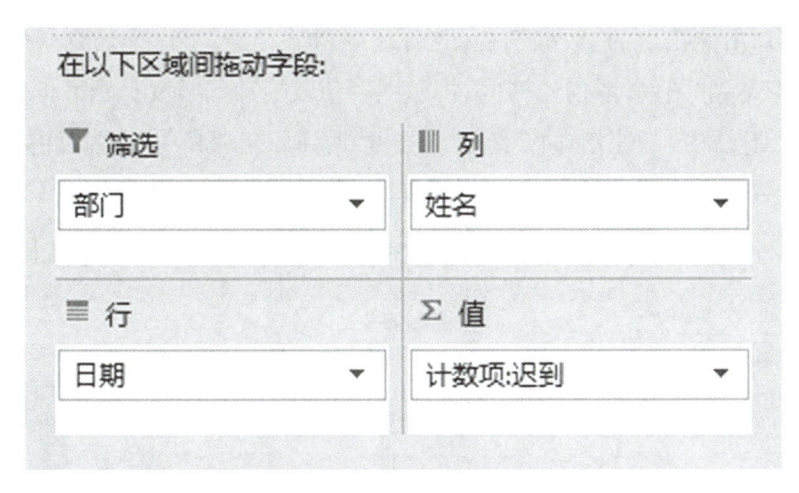

图3-6-2 数据透视表字段设置

(3)在Sheet2内已创建的数据透视表中,单击"(全部)"右边的三角形下拉按钮。在弹出的下拉列表中选择"餐饮部",然后单击"确定"按钮。设置完成的数据透视表如图3-6-3所示。

图3-6-3 数据透视表

3.使用Sheet1中"鑫源大酒店员工6月考勤表"的数据,以"日期"为"筛选"项,以"部门"为"图例(系列)",以"姓名"为"轴(类别)",以"迟到"为值,从Sheet3的单元格A1起创建数据透视图及数据透视表,如图3-6-4所示。

(1)插入Sheet3,选定Sheet3的单元格A1,单击"插入"选项卡中的"数据透视图",在弹出的"创建数据透视图"对话框中,单击"表/区域"框,用鼠标选定Sheet1中的单元格区域A2:D23,然后单击"确定"按钮。

（2）在窗口右侧出现的"数据透视图字段"中，将"日期"字段拖动到"筛选"框内，将"部门"字段拖动到"图例（系列）"框内，将"姓名"字段拖动到"轴（类别）"框内，将"迟到"字段拖动到"值"框内。采用前面介绍的方法将"迟到"的"求和项"改为"计数项"。

（3）单击数据透视图左上角的"日期"按钮，在弹出的下拉列表中选择"2020/6/20"，然后单击"确定"按钮。设置完成的数据透视图及数据透视表如图3-6-4所示。

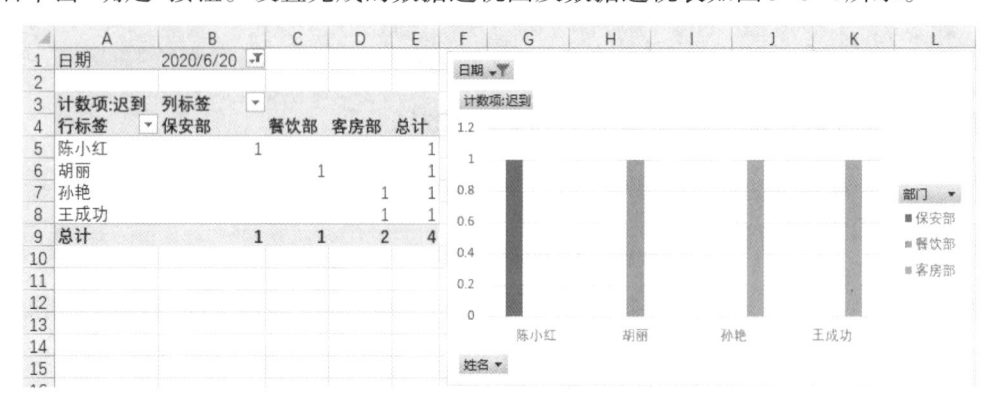

图3-6-4　数据透视图及数据透视表

4.将该Excel文件命名为"实例3-6"，保存在教师指定文件夹中。

考试大纲

数据清单的概念，数据清单的建立，数据清单内容的排序、筛选、分类汇总，数据合并，数据透视表的建立。

[考点]创建数据透视表及数据透视图

创建数据透视表和数据透视图：以创建数据透视表为例，在"插入"选项卡的"表格"组中，单击"数据透视表"下拉三角按钮，选择"数据透视表"选项，单击"选择一个表或区域"的"表/区域"并选中要建立数据透视表的数据。在"选择放置数据透视表的位置"后单击"确定"。

任务七 制作与分析下载量统计表

学习目标

1. 掌握打印标题与分页符的设置方法。
2. 掌握自定义公式和函数的插入方法。
3. 掌握处理表格数据的方法。
4. 掌握创建与编辑图表的方法。
5. 掌握创建与编辑数据透视表和数据透视图的方法。

学习重点

创建与编辑图表。

学习难点

创建与编辑数据透视表。

任务描述

"酷我音乐"工作人员将要对歌曲周下载量进行统计与分析。

任务分析

使用工作表操作,行、列操作,单元格格式设置,插入批注、公式与函数运算,排序,筛选,分类汇总,合并计算,创建与编辑图表、数据透视表和数据透视图等知识完成统计与分析任务。

操作步骤

1. 新建Excel工作簿,在Sheet1中录入如图3-7-1所示的表格文字。[①]

	A	B	C	D	E	F	G	H	I	J
1										
2				歌曲周下载量统计表						
3		歌曲名	歌手	歌曲类别	周一	周二	周三	周四	周五	周日
4		长镜头	杨宗纬	流行	3467	3245	3398	3076	2989	5099
5		车站	李健	民谣	3547	3177	2890	2976	2908	4765
6		灯塔	黄绮珊	流行	3155	3789	3645	3745	2766	4289
7		秋意浓	The One	抒情	3076	3097	3023	3066	3021	5017
8		Earth Song	张杰	摇滚	2988	3178	3356	3784	3846	6138
9		天路	韩红	抒情	3358	3414	3657	3220	3151	5275
10		小苹果	筷子兄弟	神曲	11578	10753	12987	11323	11733	14576
11		山丘	胡彦斌	摇滚	3117	2890	3278	2828	2903	4856
12		开门见山	谭维维	摇滚	2979	2866	3011	2879	2991	4231
13		生如夏花	张靓颖	流行	3188	2564	3074	3378	3175	5177
14		贝加尔湖畔	李健	民谣	2770	2890	2745	2917	2930	4910
15		往事随风	韩红	流行	3370	3326	3378	3312	3269	5564

图3-7-1　下载量统计表表格文字

2. 删除第10行,在"生如夏花"行下方插入一个空行,在"周日"列左侧插入一个空列,分别录入如图3-7-2所示的文字。设置单元格区域B2:L2"合并后居中"。在L列添加"总计"字段,并计算总计值,如图3-7-2所示。

B	C	D	E	F	G	H	I	J	K	L
			歌曲周下载量统计表							
歌曲名	歌手	歌曲类别	周一	周二	周三	周四	周五	周六	周日	总计
长镜头	杨宗纬	流行	3467	3245	3398	3076	2989	5175	5099	26449
车站	李健	民谣	3547	3177	2890	2976	2908	4845	4765	25108
灯塔	黄绮珊	流行	3155	3789	3645	3745	2766	4532	4289	25921
秋意浓	The One	抒情	3076	3097	3023	3066	3021	5006	5017	25306
Earth Song	张杰	摇滚	2988	3178	3356	3784	3846	5891	6138	29181
天路	韩红	抒情	3358	3414	3657	3220	3151	5310	5275	27385
山丘	胡彦斌	摇滚	3117	2890	3278	2828	2903	5698	4856	25570
开门见山	谭维维	摇滚	2979	2866	3011	2879	2991	4833	4231	23790
生如夏花	张靓颖	流行	3188	2564	3074	3378	3175	5032	5177	25588
饿狼传说	张靓颖	摇滚	3245	3288	3211	3223	3301	5330	5098	26696
贝加尔湖畔	李健	民谣	2770	2890	2745	2917	2930	4833	4910	23995
往事随风	韩红	流行	3370	3326	3378	3312	3269	5235	5564	27454

图3-7-2　行、列操作

3. 将Sheet1中"歌曲周下载量统计表"复制到Sheet2的单元格B2位置。设置表格标题的字体为隶书,字号为24,字体颜色为紫色。设置单元格区域B3:L15的字体为幼圆,

---

[①]任务中的数据不代表真实下载量。

字号为12,字体颜色为紫色,对齐方式为居中,行高为18。设置B列的列宽为12,E~L列的列宽为7。将单元格区域B3:L15的外边框设置为橙色粗实线,将内边框设置为橙色虚线。为单元格区域B3:L3和B4:D15添加浅橙色底纹。利用条件格式,将单元格区域E4:I15中小于3000的值的单元格设置为红色。将Sheet2工作表重命名为"歌曲周下载量统计表",如图3-7-3所示。

歌曲周下载量统计表

歌曲名	歌手	歌曲类别	周一	周二	周三	周四	周五	周六	周日	总计
长镜头	杨宗纬	流行	3467	3245	3398	3076	2989	5175	5099	26449
车站	李健	民谣	3547	3177	2890	2976	2908	4845	4765	25108
灯塔	黄绮珊	流行	3155	3789	3645	3745	2766	4532	4289	25921
秋意浓	The One	抒情	3076	3097	3023	3066	3021	5006	5017	25306
Earth Song	张杰	摇滚	2988	3178	3356	3784	3846	5891	6138	29181
天路	韩红	抒情	3558	3414	3657	3220	3151	5310	5275	27385
山丘	胡彦斌	摇滚	3117	2890	3278	2828	2903	5698	4856	25570
开门见山	谭维维	摇滚	2979	2866	3011	2879	2991	4833	4231	23790
生如夏花	张靓颖	流行	3188	2564	3074	3378	3175	5032	5177	25588
饿狼传说	张靓颖	摇滚	3245	3293	3211	3223	3301	5330	5098	26696
贝加尔湖畔	李健	民谣	2770	2890	2745	2917	2930	4833	4910	23995
往事随风	韩红	流行	3370	3326	3378	3312	3269	5235	5564	27454

图3-7-3 单元格格式设置

4.设置打印标题。单击"页面布局"选项卡的"打印标题"按钮。弹出"页面设置"对话框,单击"顶端标题行"右侧的输入框,然后用鼠标拖动选择表格标题行和表头行(第2行和第3行),输入框内将显示"$2:$3",单击"确定"按钮,可以在"歌曲周下载量统计表"中设置表格标题和表头为打印标题。

5.分页符。选中第10行,单击"页面布局"选项卡的"分隔符"下拉按钮中的"插入分页符"选项,可以在"歌曲周下载量统计表"第10行上方插入分页符。

6.将Sheet1中"歌曲周下载量统计表"复制到Sheet3的单元格A1位置。在L列增加"平时与周末之差"字段,为单元格L2添加批注"下载量周末平均值与周一至周五平均值之差",计算"平时与周末之差",将单元格区域L3:L14设置为数字格式并去掉小数位。在第16行分别添加计算"周最高下载量""歌曲总数"和"进入排行榜歌曲数",为"进入排行榜歌曲数"单元格添加批注"周下载量大于25000的歌曲为进入排行榜歌曲",如图3-7-4所示。

	A	B	C	D	E	F	G	H	I	J	K	L
1				歌曲周下载量统计表								
2	歌曲名	歌手	歌曲类别	周一	周二	周三	周四	周五	周六	周日	总计	平时与周末之差
3	长镜头	杨宗纬	流行	3467	3245	3398	3076	2989	5175	5099	26449	1902
4	车站	李健	民谣	3547	3177	2890	2976	2908	4845	4765	25108	1705
5	灯塔	黄绮珊	流行	3155	3789	3645	3745	2766	4532	4289	25921	991
6	秋意浓	The One	抒情	3076	3097	3023	3066	3021	5006	5017	25306	1955
7	Earth Song	张杰	摇滚	2988	3178	3356	3784	3846	5891	6138	29181	2584
8	天路	韩红	抒情	3358	3414	3657	3220	3151	5310	5275	27385	1933
9	山丘	胡彦斌	摇滚	3117	2890	3278	2828	2903	5698	4856	25570	2274
10	开门见山	谭维维	摇滚	2979	2866	3011	2879	2991	4833	4231	23790	1587
11	生如夏花	张靓颖	流行	3188	2564	3074	3378	3175	5032	5177	25588	2029
12	饿狼传说	张靓颖	摇滚	3245	3288	3211	3223	3301	5330	5098	26696	1960
13	贝加尔湖畔	李健	民谣	2770	2890	2745	2917	2930	4833	4910	23995	2021
14	往事随风	韩红	流行	3370	3326	3378	3312	3269	5235	5564	27454	2069
15												
16	周最高下载量		29181		歌曲总数		12	进入排行榜歌曲数		10		

图 3-7-4　函数与公式应用

7. 将 Sheet1 中"歌曲周下载量统计表"复制到 Sheet4 的单元格 A1 位置。在 Sheet4 中对表格进行排序，要求是按照"总计"的数值从高到低排序，如图 3-7-5 所示。

	A	B	C	D	E	F	G	H	I	J	K
1				歌曲周下载量统计表							
2	歌曲名	歌手	歌曲类别	周一	周二	周三	周四	周五	周六	周日	总计
3	Earth Song	张杰	摇滚	2988	3178	3356	3784	3846	5891	6138	29181
4	往事随风	韩红	流行	3370	3326	3378	3312	3269	5235	5564	27454
5	天路	韩红	抒情	3358	3414	3657	3220	3151	5310	5275	27385
6	饿狼传说	张靓颖	摇滚	3245	3288	3211	3223	3301	5330	5098	26696
7	长镜头	杨宗纬	流行	3467	3245	3398	3076	2989	5175	5099	26449
8	灯塔	黄绮珊	流行	3155	3789	3645	3745	2766	4532	4289	25921
9	生如夏花	张靓颖	流行	3188	2564	3074	3378	3175	5032	5177	25588
10	山丘	胡彦斌	摇滚	3117	2890	3278	2828	2903	5698	4856	25570
11	秋意浓	The One	抒情	3076	3097	3023	3066	3021	5006	5017	25306
12	车站	李健	民谣	3547	3177	2890	2976	2908	4845	4765	25108
13	贝加尔湖畔	李健	民谣	2770	2890	2745	2917	2930	4833	4910	23995
14	开门见山	谭维维	摇滚	2979	2866	3011	2879	2991	4833	4231	23790

图 3-7-5　排序操作

8. 将 Sheet1 中"歌曲周下载量统计表"复制到 Sheet5 的单元格 A1 位置。在 Sheet5 中对表格进行筛选，要求是在流行和摇滚歌曲中筛选出周末下载量都大于 5000 的歌曲，如图 3-7-6 所示。

	A	B	C	D	E	F	G	H	I	J	K
1				歌曲周下载量统计表							
2	歌曲名	歌手	歌曲类别	周一	周二	周三	周四	周五	周六	周日	总计
3	长镜头	杨宗纬	流行	3467	3245	3398	3076	2989	5175	5099	26449
7	Earth Song	张杰	摇滚	2988	3178	3356	3784	3846	5891	6138	29181
11	生如夏花	张靓颖	流行	3188	2564	3074	3378	3175	5032	5177	25588
12	饿狼传说	张靓颖	摇滚	3245	3288	3211	3223	3301	5330	5098	26696
14	往事随风	韩红	流行	3370	3326	3378	3312	3269	5235	5564	27454

图 3-7-6　筛选操作

9.将Sheet1中"歌曲周下载量统计表"复制到Sheet6的单元格A1位置。在Sheet6中对表格进行分类汇总,要求是以"歌曲类别"为分类字段,以每日下载量和"总计"为汇总项,进行求和的分类汇总,如图3-7-7所示。

图3-7-7 分类汇总操作

10.创建表格图表。在Sheet6中根据"流行""民谣""抒情"和"摇滚"四类歌曲周六和周日下载量的汇总数据,创建一个簇状柱形图,如图3-7-8所示。设置图表样式为"样式14"。编辑图表标题,设置图表标题字体为华文行楷,字号为20,艺术字样式为"填充,白色;边框,蓝色,主题色1;发光,蓝色,主题色1"。设置图例的形状样式为"彩色轮廓-蓝色,强调颜色1",字体为幼圆,字号为14,加粗。添加坐标轴标题,设置横、纵坐标轴标题的形状样式为"中等效果-绿色,强调颜色6",字体为幼圆,字号为14,加粗。设置水平坐标轴文字字号为11,设置垂直坐标轴数字字号为11,改变数字的刻度单位与最大值。添加网格线和数据标签。

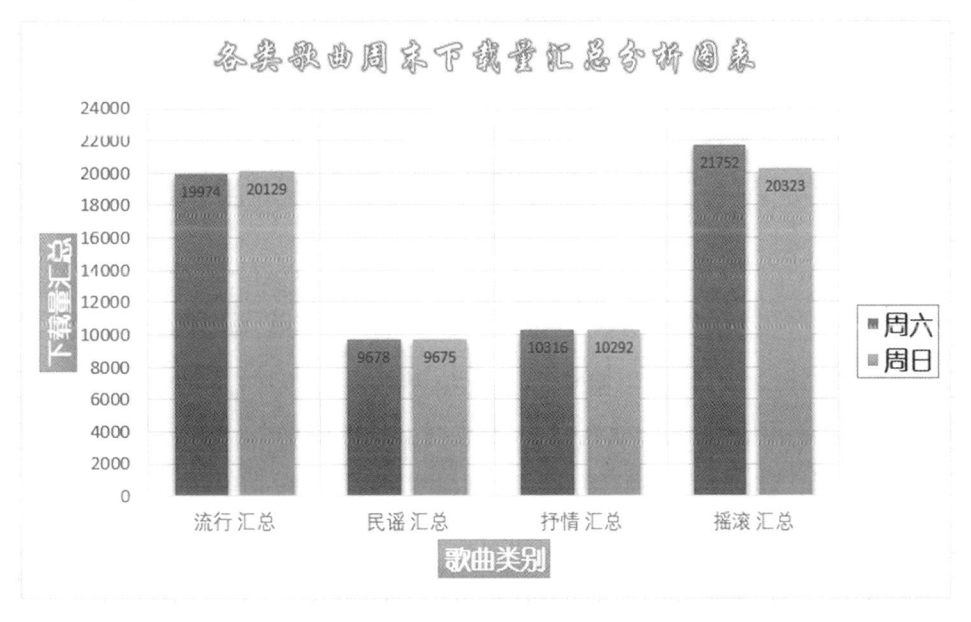

图3-7-8 创建图表

11.在Sheet7中录入如图3-7-9所示表格文字。使用Sheet1中"歌曲周下载量统计表"的数据,在Sheet7的"各类歌曲每日最高下载量统计表"中进行"最大值"合并计算,结果如图3-7-10所示。

	A	B	C	D	E	F	G	H	I
1									
2				各类歌曲每日最高下载量统计表					
3		歌曲类别	周一	周二	周三	周四	周五	周六	周日
4									

图3-7-9　录入文字

	A	B	C	D	E	F	G	H	I
1									
2				各类歌曲每日最高下载量统计表					
3		歌曲类别	周一	周二	周三	周四	周五	周六	周日
4		流行	3467	3789	3645	3745	3269	5235	5564
5		民谣	3547	3177	2890	2976	2930	4845	4910
6		抒情	3358	3414	3657	3220	3151	5310	5275
7		摇滚	3245	3288	3356	3784	3846	5891	6138

图3-7-10　合并计算

12.使用Sheet1中单元格区域B3:K15的数据,以"歌曲类别"为"筛选"项,以"歌曲名"为"列标签",以"歌手"为"行标签",以"周六"为"最大值项",从Sheet8的单元格A1起创建数据透视表,如图3-7-11所示。

	A	B	C	D	E	F	G	H
1	歌曲类别	(全部)						
2								
3	最大值项:周六	列标签						
4	行标签	贝加尔湖畔	车站	饿狼传说	生如夏花	天路	往事随风	总计
5	韩红					5310	5235	5310
6	李健	4833	4845					4845
7	张靓颖			5330	5032			5330
8	总计	4833	4845	5330	5032	5310	5235	5330

图3-7-11　数据透视表

13.使用Sheet1中单元格区域B3:K15的数据,以"歌曲名"为"筛选"项,以"歌手"为"图例(系列)",以"歌曲类别"为"轴(类别)",以"周日"为"最大值项",从Sheet9的单元格A1起创建数据透视图及数据透视表,如图3-7-12所示。

174

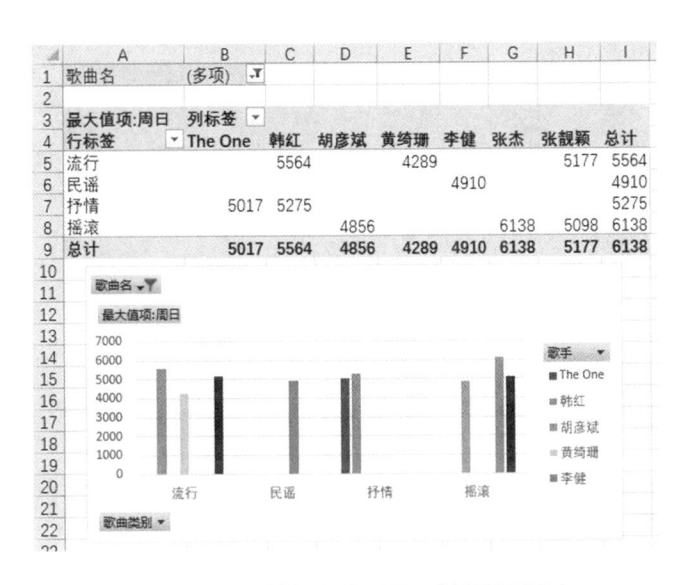

图 3-7-12 数据透视图及数据透视表

14. 将该Excel文件命名为"实例3-7",保存在教师指定文件夹中。

考试大纲

1. 工作表的页面设置、打印预览和打印,工作表中链接的建立。
2. 保护和隐藏工作簿和工作表。

【考点解析】

[考点1]工作表中链接的建立。

直接在需要求和的单元格中输"=",然后左击鼠标选择需要求和的一个数据表中的单元格,输入"+",再左击鼠标选择另外一个数据表的单元格,再点要求和的单元格按回车键。

[考点2]保护和隐藏工作簿和工作表

对于一些计算表和工作簿,用户不希望将工作表的某个部分进行修改,通过锁定和保护可以实现工作表的部分或者整个工作簿的保护。具体方法:选择需要隐藏的工作表,右击鼠标,在快捷菜单中单击"隐藏"选项,选择的工作表即会被隐藏。当工作簿中存在着隐藏的工作表时,快捷菜单中的"取消隐藏"选项可用,单击"取消隐藏"选项可以取消隐藏工作表。

PPT演示文稿制作 模块四

学习导航

■任务一：制作抗击新冠肺炎口号（2课时）

  知识点：PPT打开、创建、保存、文字编辑、背景色和幻灯片主题设置

■任务二：制作公司简介（2课时）

  知识点：模板的应用，母版的使用

■任务三：制作公司产品介绍（2课时）

  知识点：图片插入，图片编辑

■任务四：制作演讲目录（2课时）

  知识点：Smart图形绘制，图形填充

■任务五：给PPT添加音频和视频（2课时）

  知识点：音频、视频文件的插入，音频、视频文件的编辑

■任务六：制作动态的公司宣传演示文稿（2课时）

  知识点：文字动画的设置，图片动画的设置，幻灯片切换效果

■任务七：PPT打包分享（2课时）

  知识点：PPT打包，字体嵌入

■任务八：制作包装比赛PPT（2课时）

  知识点：PPT制作流程，各种多媒体素材综合应用

任务一　制作抗击新冠肺炎口号

学习目标

1. 熟悉PPT的界面功能。
2. 熟练掌握PPT的基本操作。
3. 能独立创作简单的PPT。

学习重点

PPT的界面认识及PPT软件的基本操作。

学习难点

区分PowerPoint与前面所学的Word、Excel在操作上的不同之处。

任务描述

小杨是公司宣传部的办公文员，需要制作一个公司抗击新冠肺炎疫情口号的演示文稿，在公司LED、食堂电视机等公共场所循环放映。

任务分析

启动PowerPoint 2019，在演示文稿中分三页分别输入公司抗击新冠肺炎疫情口号内容，并按要求调整字体格式、设置背景色和幻灯片主题等，最后保存发布。

模块四　PPT演示文稿制作

📄 **操作步骤**

1.打开"PowerPoint 2019",新建空的文档。

2.在第一页文本框中输入口号:"戴口罩,讲卫生,勤洗手,勤通风。"如图4-1-1所示。

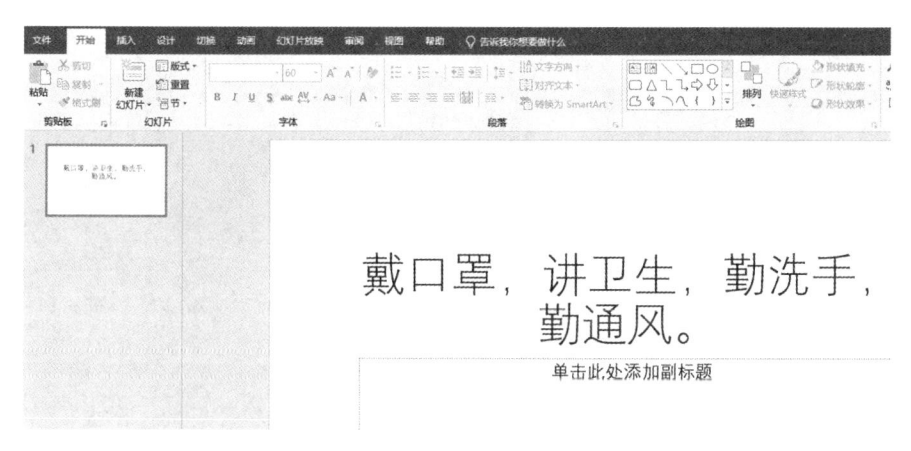

图4-1-1　录入口号

3.单击"开始"选项卡中的"新建幻灯片"按钮,再新建一张幻灯片,如图4-1-2所示。在新建幻灯片中输入口号:"生命重于泰山,疫情就是命令,防控就是责任。"

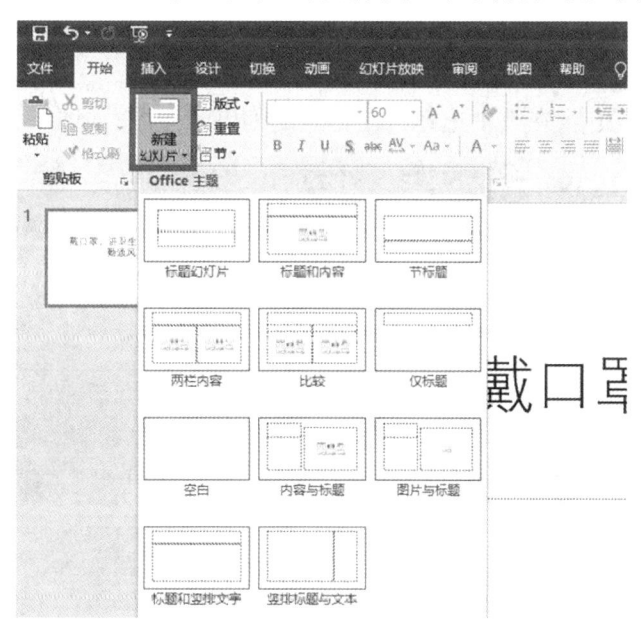

图4-1-2　新建幻灯片

4.在PowerPoint 2019中设置字体、字号等格式与Word中设置的方法基本一致,选择文字,在字体中设置黑体、60号、红色、加粗、居中。

5.设置背景或幻灯片模版。

(1)设置背景。

在幻灯片中空白地方,单击鼠标右键选择"设置背景格式"选项,弹出"设置背景格式"对话框,选择"纯色填充""黄色"作为背景色,如图4-1-3所示。

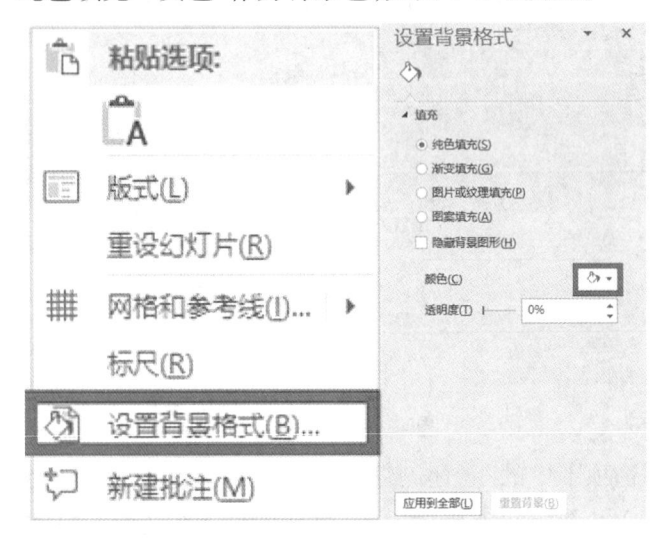

图4-1-3　设置背景格式

(2)设置软件自带幻灯片主题。

单击"设计"选项卡,在其中选择自己喜欢的幻灯片主题,如图4-1-4所示。

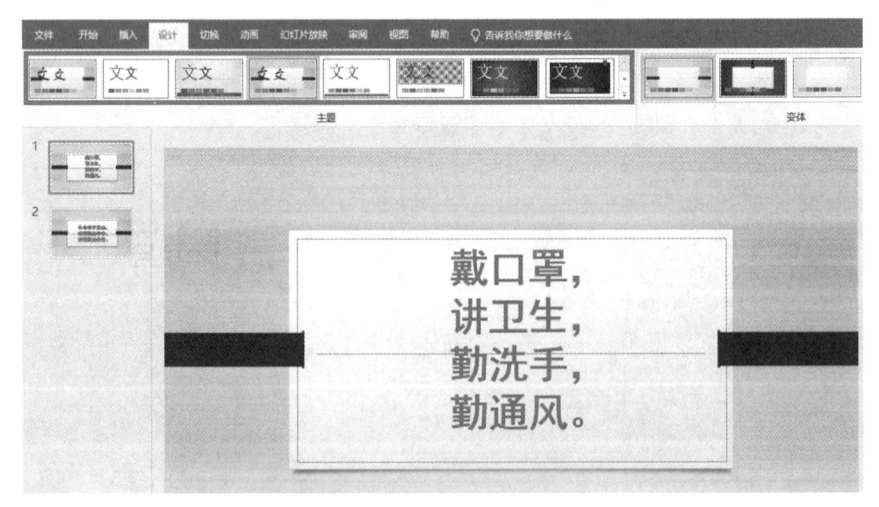

图4-1-4　设置幻灯片主题

6.单击"幻灯片放映""设置幻灯片放映",勾选"演讲者放映(全屏幕)"和"循环放映,按ESC键终止",然后单击"确定",自动循环放映就设置好了,如图4-1-5所示。

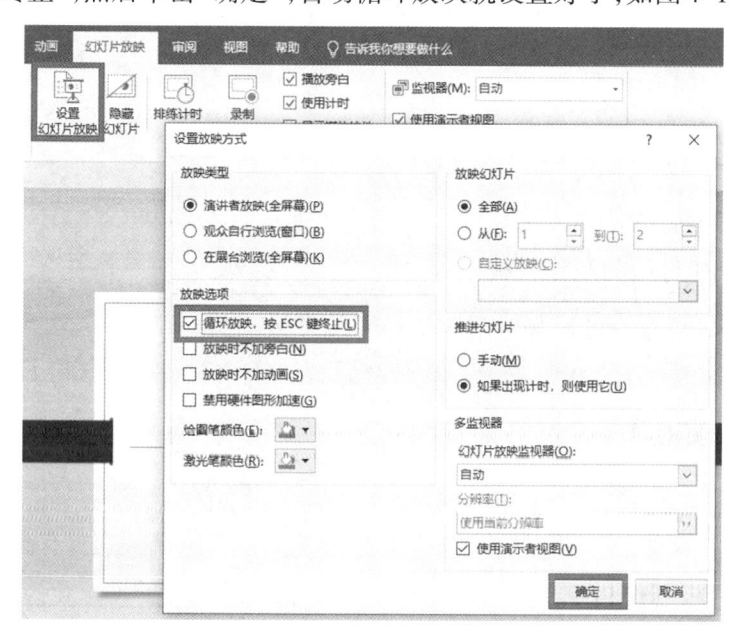

图4-1-5　设置幻灯片放映方式

7.单击左上角"文件"菜单,然后选择其中的"保存"按钮或"另存为"按钮,在弹出的"另存为"对话框中输入文件名"公司抗疫口号",再选择存储位置,最后单击"保存"按钮。

考试大纲

1.中文PowerPoint 2019的功能、运行环境、启动和退出。
2.演示文稿的创建、打开、关闭和保存。
3.演示文稿主题选用与幻灯片背景设置。

【考点解析】

[考点]演示文稿主题选用与幻灯片背景设置

演示文稿的使用者如果对当前的PPT效果不满意,可以通过其软件内置的主题或者幻灯片背景设置进行调整,以达到美化演示文稿的效果。

任务二　制作公司简介

学习目标

1. 掌握PPT母版的使用方法。
2. 能利用PPT母版的制作模板。

学习重点

PPT母版的使用。

学习难点

利用母版模板制作PPT。

任务描述

小孙是华为公司办公室的一名文员,需要制作一个介绍公司的演示文稿,用在公司LED、食堂电视机等公共场所播放,促进企业文化建设。

任务分析

利用PPT母版制作风格统一的公司介绍PPT。

操作步骤

1. 打开PowerPoint 2019;单击"视图"选项卡,选择"幻灯片母版"命令,进入幻灯片母版视图。

2.单击"幻灯片母版"菜单,选择"幻灯片大小""宽屏(16∶9)",如图4-2-1所示。

图4-2-1 设置幻灯片母版比例

3.设置幻灯片母版。

(1)选择"单击此处编辑母版标题样式"字符,单击"开始"选项卡,选"字体"选项,设置为微软雅黑,28,红色,加粗,如图4-2-2所示。

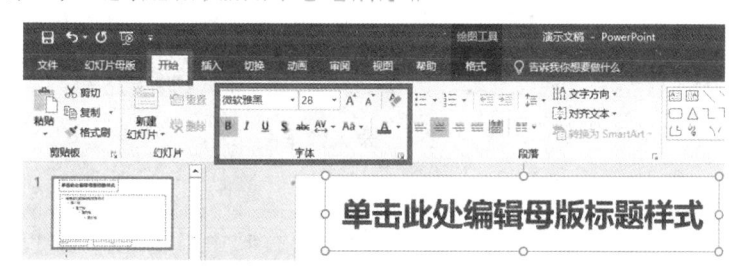

图4-2-2 编辑幻灯片母版字体

(2)在标题文本框下面插入矩形条,填充为蓝色,无线条颜色,高0.2厘米,宽25.4厘米,如图4-2-3所示。

(3)在幻灯片右上角插入文本框,在其中插入幻灯片编号,并输入"第1页",设置字体为微软雅黑,12号,黑色,如图4-2-3所示。

图4-2-3 插入线条和页码

4.制作标题幻灯片母版。

(1)在标题幻灯片中,插入图片素材4-2-1,并将图片移动至幻灯片的顶部。

(2)在图片下方插入文本框并输入企业名称,并调整字体格式,"华为技术有限公司"为微软雅黑,54号,暗红色,加粗;"某某作品"为微软雅黑,16号,黑色,如图4-2-4所示。

图4-2-4　录入效果图

5.制作公司介绍PPT的目录页。

(1)关闭幻灯片母版,回到普通视图中,我们接着制作目录页,在"开始"菜单中选择"新建幻灯片"中的标题与内容,如图4-2-5所示。

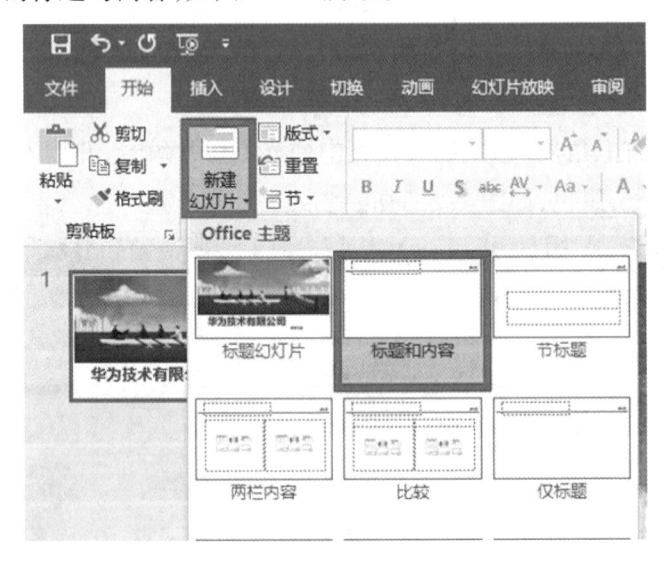

图4-2-5　新建幻灯片

（2）单击修改标题为目录，并移到合适的位置；插入文本框，并输入目录内容，设置字体为微软雅黑，32号，加粗，蓝色。

6.制作内容页，新建幻灯片，输入标题"公司简介"，插入图片素材4-2-2，并按图4-2-6所示输入文本内容。

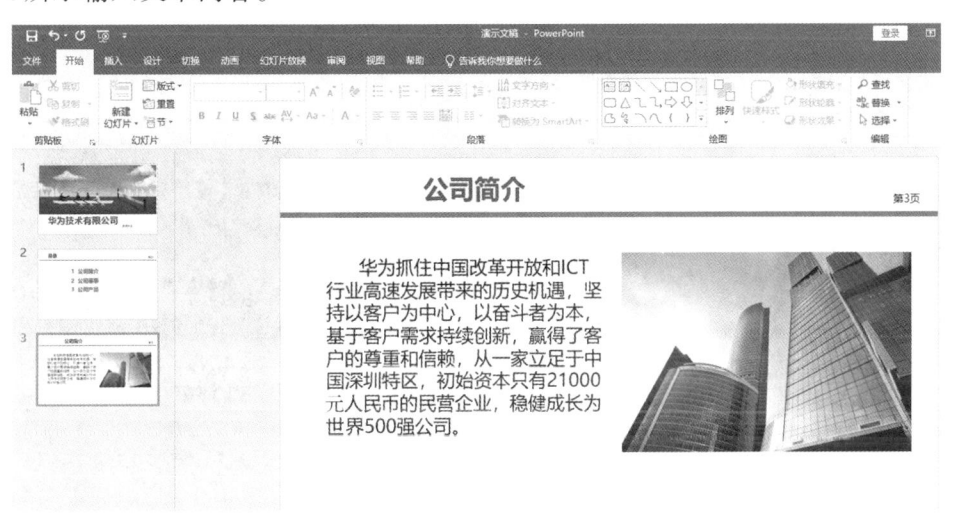

图4-2-6　公司简介效果图

7.制作第4页幻灯片，新建幻灯片，输入标题"公司董事"，插入图片素材4-2-3，并按图4-2-7所示输入文本内容，调整文本格式。

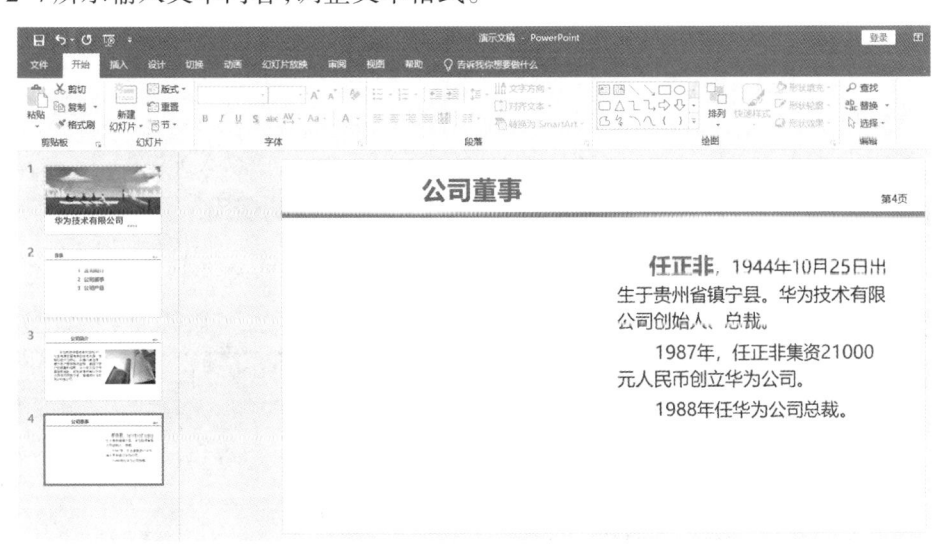

图4-2-7　公司董事页效果图

8.制作第5页幻灯片,新建幻灯片,输入标题"公司产品",插入图片素材4-2-4、图片素材4-2-5、图片素材4-2-6,按图4-2-8所示输入文本内容。

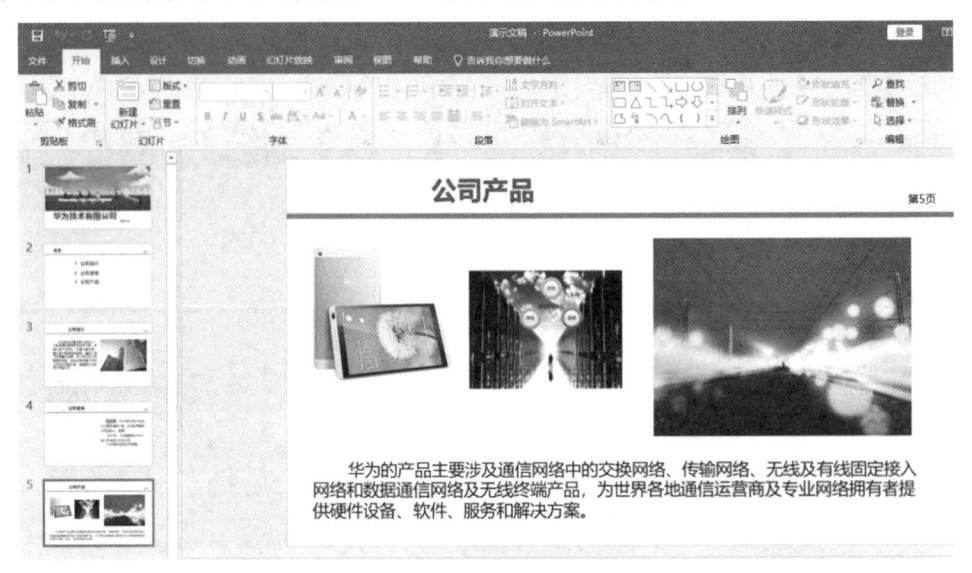

图4-2-8　公司产品效果图

9.保存,将PPT保存为华为公司介绍。

考试大纲

演示文稿视图的使用,幻灯片基本操作(版式、插入、移动、复制和删除)。

【考点解析】

[考点] 演示文稿视图中幻灯片母版的使用

幻灯片母版的使用可以定义每张幻灯片共同具有的一些统一特征,包括:文字的位置与格式,背景图案,显示页码及日期等。母版上的更改自动反映在每张幻灯片上,如果要使个别的幻灯片外观与母版有所不同,直接修改该幻灯片即可。

任务三　制作公司产品介绍

学习目标

1. 能够完成PPT产品类介绍的设计。
2. 能熟练编辑PPT中的图片。
3. 能设计出不同的PPT。

学习重点

PPT的图片工具使用。

学习难点

图片的排版设计。

任务描述

小李是华为公司的手机产品销售员,需要制作一个关于手机产品介绍的演示文稿,用于推广,提升产品的吸引力。

任务分析

利用提供的素材制作公司产品介绍PPT。

操作步骤

1.打开PowerPoint 2019,新建一个空白演示文稿,选择"设计"选项卡中的页面设置,将幻灯片大小设置为"全屏显示(16∶9)"。

2.制作封面页。

(1)删除副标题文本框,在标题文本框内输入"华为手机",设置格式为"微软雅黑,88号,黑色",移动文本框的位置如图4-3-1所示。

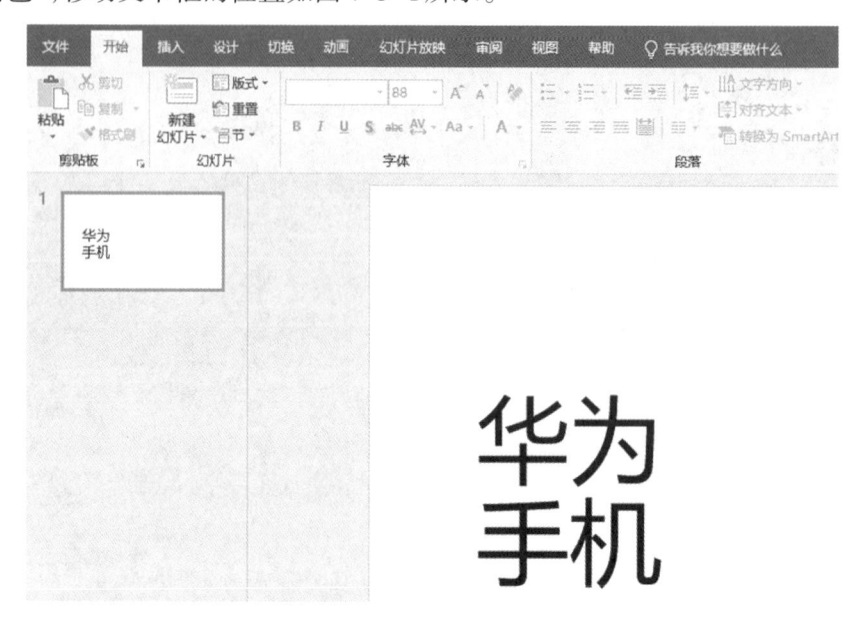

图4-3-1　录入封面页的文字

(2)插入图片素材4-3-1,在"图片工具""格式"中选择"裁剪"图片,并调整大小为高6厘米,宽2.26厘米,如图4-3-2所示。

图4-3-2　插入图片并裁剪

(3)依次插入图片素材4-3-2、图片素材4-3-3和图片素材4-3-4,并按同样方法裁剪,截取图片主要内容,并调整大小,然后框选4张图片,选择"图片工具""格式"中的对齐,设置为"顶端对齐"和"横向分布",将图片对齐,如图4-3-3所示。

图4-3-3 插入图片并对齐

(4)单击"插入"选项卡中的"形状",选择"矩形",在图片素材4-3-1下面绘制一个高1.5厘米,宽2.26厘米的矩形,然后在矩形上右击鼠标,选择快捷菜单的"编辑顶点",拖动右上角或左下角的顶点,将矩形改变为高3.5厘米,宽2.26厘米的平行四边形,如图4-3-4、图4-3-5所示。

图4-3-4 编辑顶点　　图4-3-5 调整为平行四边形

(5)将平行四边形复制3个分别放在其余3张图片下,并依次选中平行四边形,选择"绘图工具""格式"设置"形状填充",修改填充颜色为橙色、水绿色、深紫色、浅蓝色,如图4-3-6所示。

图4-3-6 填充颜色

(6)在平行四边形上依次插入图标1、图标2、图标3和图标4(图标可以利用网络自行搜索或利用教师给定的素材),如图4-3-7所示。

图4-3-7 插入图标效果图

(7)插入图片素材4-3-5,右击设置图片格式大小为高5厘米,宽6.67厘米,并将其拖至右下角适当位置,然后选择"图片工具""格式"中的"颜色""设置透明色",将透明笔

在标志空白处单击,完成"华为标志"图片的设置,如图4-3-8所示。

图4-3-8　修改图片

3.制作内容页。

(1)选择"开始"菜单,新建空白幻灯片。

(2)在幻灯片的左侧插入图片素材4-3-1,在"图片工具""格式"中设置该图片样式为"简单框架,白色",然后单击"图片效果",选择"阴影"中的"外部",如图4-3-9所示。

图4-3-9　插入图片并设置图片效果

（3）在幻灯片的右侧插入文本框,输入文字"华为手机,精湛工艺,不凡品味",设置字体格式为"微软雅黑,黑色,44号,段落为1.5倍行距。"

（4）新建下一张空白幻灯片,插入图片素材4-3-2,双击图片,在"图片工具""格式"中选择"裁剪""裁剪为形状""立方体",并设置图片大小为高9厘米,宽15.51厘米,如图4-3-10所示。

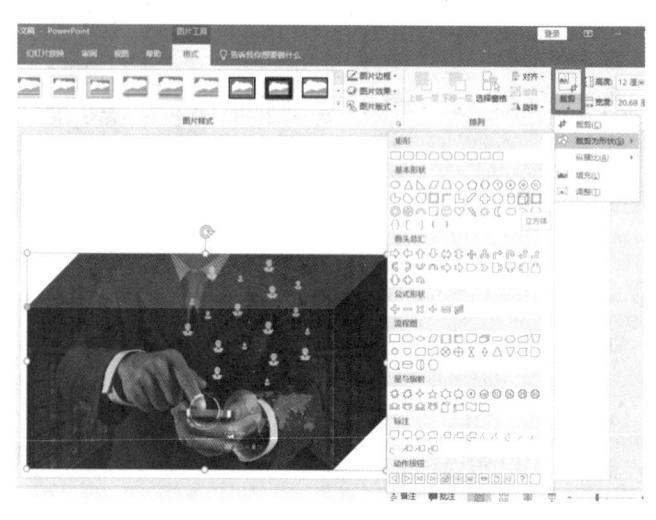

图4-3-10　插入图片并裁剪

（5）再插入图片素材4-3-6,并在图片上单击鼠标右键,将图片置于底层,如图4-3-11所示。

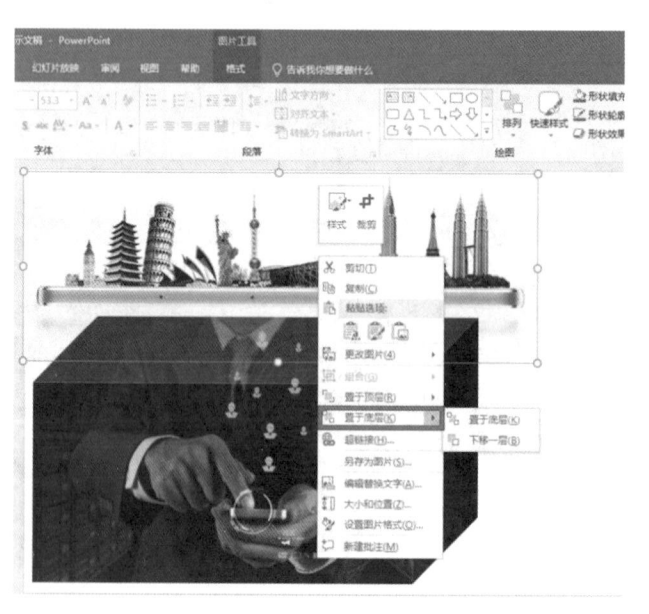

图4-3-11　插入图片并置于底层

（6）在该幻灯片中插入文本框,输入文字:天际通服务;设置字体为"微软雅黑,黑色,40号",效果如图4-3-12所示。

图4-3-12　插入文字

（7）新建一张幻灯片,在幻灯片中插入图片素材4-3-7,双击该图片,在"艺术效果"选项中选中"画图笔划",输入文本内容,并设置字体为"微软雅黑,黑色,分别为24号字和16号",如图4-3-13所示。

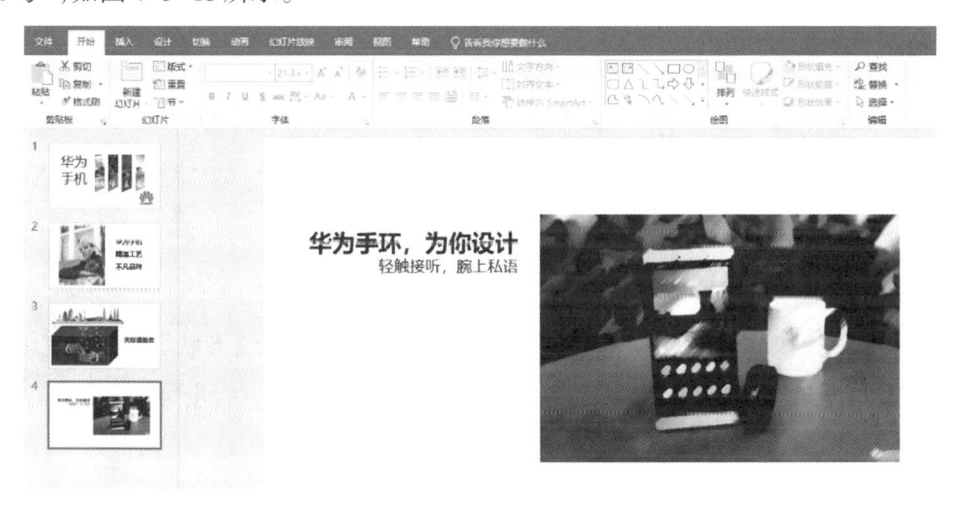

图4-3-13　插入图片和文字

（8）新建一张幻灯片，插入图片素材4-3-3和图片素材4-3-4，并将其并排左右对齐。

（9）插入文本框，输入文字"华为手机，为你设计！"，设置字体分别为"微软雅黑，白色，54号"和"微软雅黑，黑色，66号"，如图4-3-14所示。

图4-3-14　录入文字效果图

4.保存，将PPT保存为华为手机介绍。

考试大纲

幻灯片基本制作（文本、图片、艺术字、形状、表格等插入及其格式化）。

【考点解析】

[考点]幻灯片基本制作

为了达到表现效果，幻灯片通常会涉及文本、图片、艺术字、形状、表格的使用。首先通过插入的方式展现在幻灯片中，然后利用各种设置和调整，达到预期的效果。

任务四 制作演讲目录

学习目标

1. 了解SmartArt图形的不同用途。
2. 能根据要求准确选取SmartArt图形。
3. 能熟练设置SmartArt图形格式。

学习重点

SmartArt图形选择、用途,了解及格式设置。

学习难点

根据实际需求设置SmartArt图形格式。

任务描述

公司要召开产品介绍会,需要几个人合作制作PPT。小杨是办公室的一名文员,其任务是制作PPT目录页。

任务分析

利用SmartArt制作目录页,掌握SmartArt选择、格式设置、颜色设置、内容设置的方法。

操作步骤

1. 新建PowerPoint文档,在"插入"选项卡中找到SmartArt按钮,如图4-4-1所示。

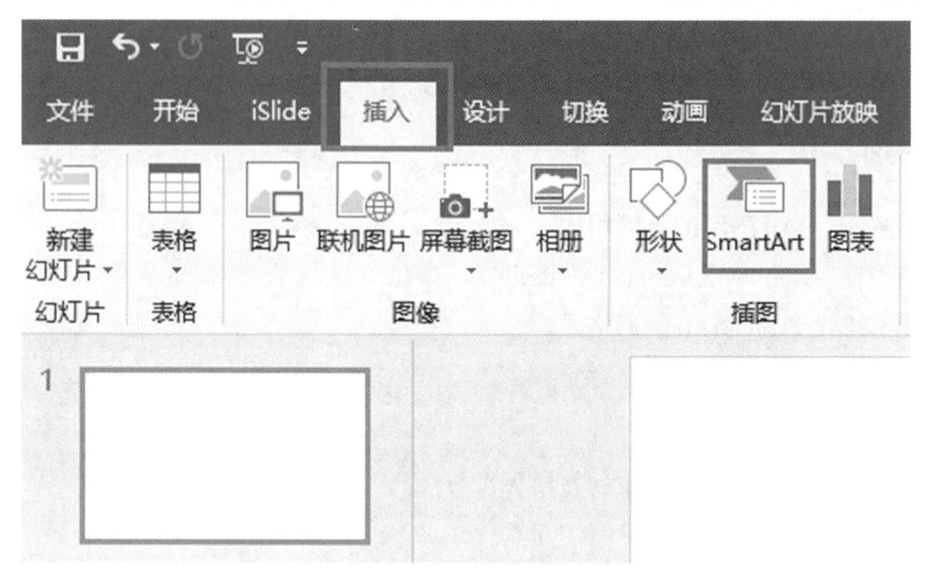

图4-4-1　打开SmartArt

2. 在SmartArt图形"列表"菜单中,选择"垂直框列表",也可以根据自己实际需求选择合适图形,然后单击"确定"按钮,如图4-4-2所示。

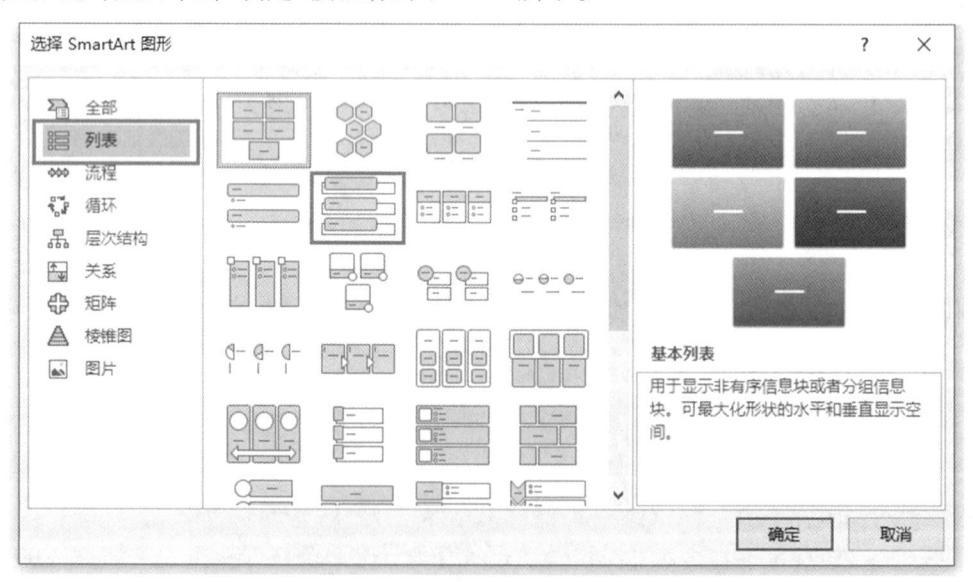

图4-4-2　选择SmartArt图形

3.通过四个边角控制点调整列表大小到合适位置,如图4-4-3所示。

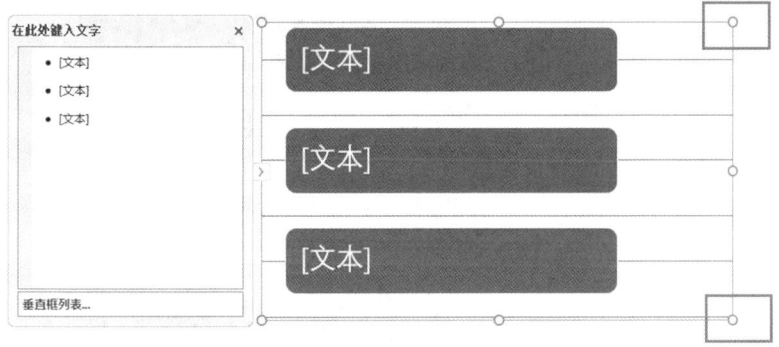

图4-4-3　调整SmartArt图形大小

4.用鼠标单击左边"在此处键入文字"框中的"文本"或者直接单击右边垂直列表框中的"文本"输入所需文字,如图4-4-4所示。

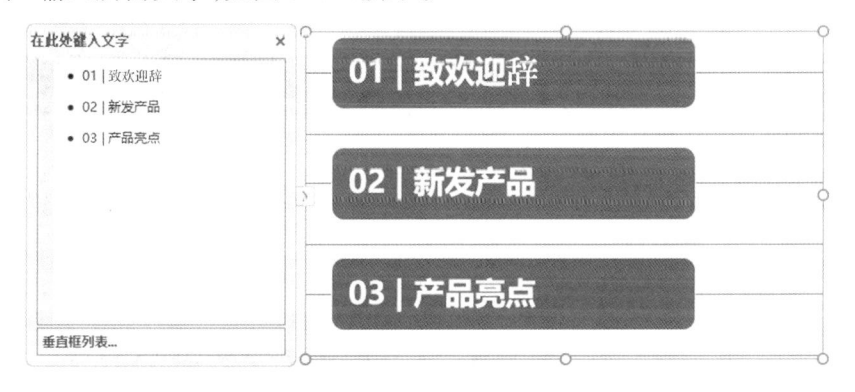

图4-4-4　输入文字

5.如果列表框不够用,我们可以通过将光标停留在需要增加列表的上一个"文本"里,然后按回车即可添加一个列表,如图4-4-5所示。

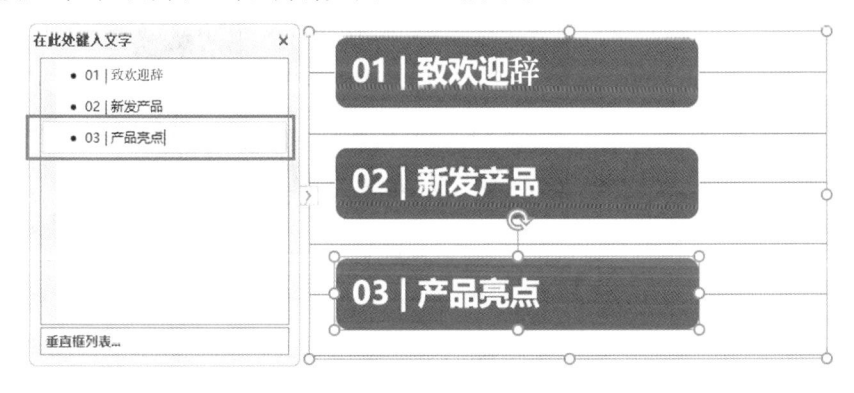

图4-4-5　增加列表框

6.添加所需要的列表后,继续输入目录文本,如图4-4-6所示。

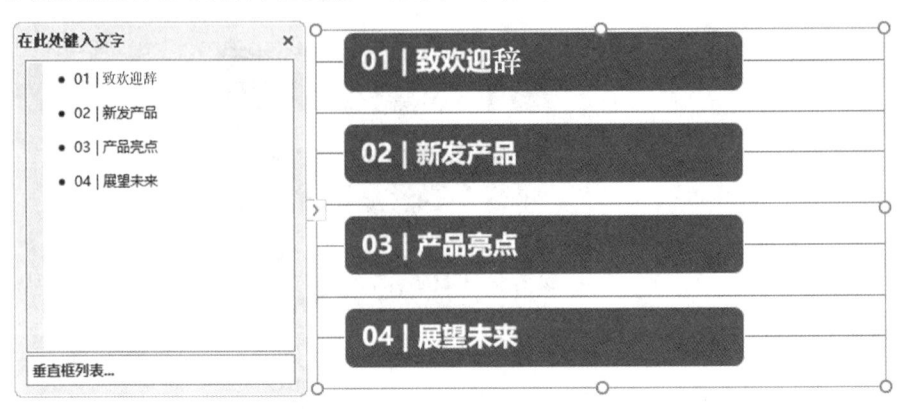

图4-4-6　完成文字录入

7.插入竖排文本框,并输入"目录"和"CONTENTS",并设置好合适的字体、字号、颜色等,如图4-4-7、图4-4-8所示。

图4-4-7　插入竖排文本框

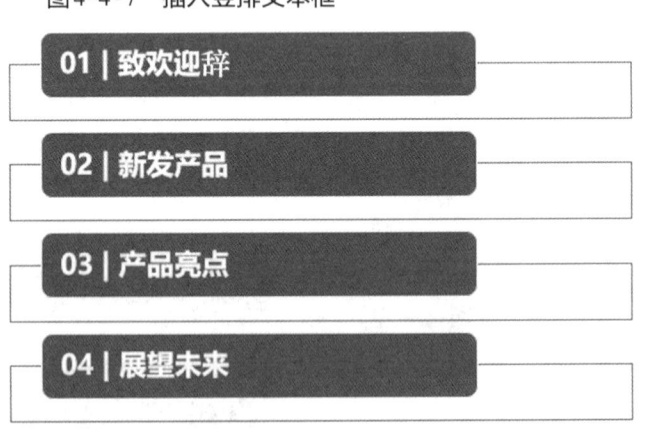

图4-4-8　输入目录及CONTENTS

8.在SmartArt工具栏,选择"设计"选项卡中的"更改颜色",选择符合PPT整体色彩的颜色模式,也可以在"格式"选项卡中单独给每一个列表填充颜色,如图4-4-9所示。

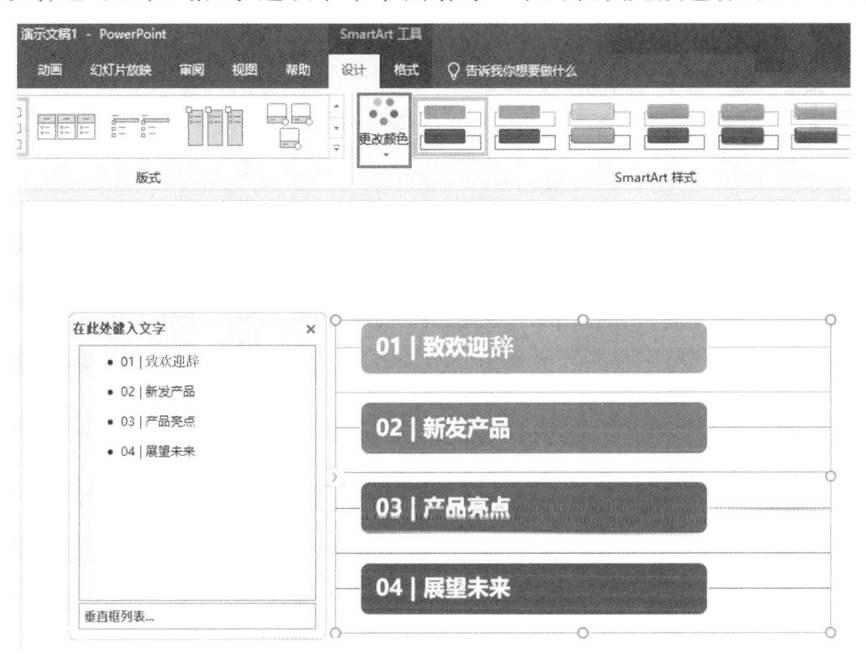

图4-4-9　填充颜色

9.在"插入"选项卡中,找到"形状"按钮,插入两个矩形和一条直线,填充好相应的颜色后,将两个矩形的顺序调整到"目录"两个字的下方,直线的粗细为3磅,位置如图4-4-10所示。

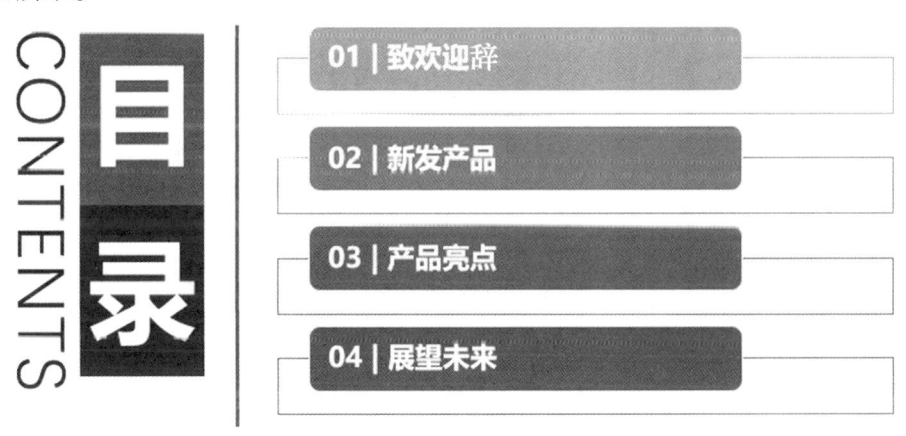

图4-4-10　设置矩形和直线

10.在幻灯片空白地方单击鼠标右键,选择"设置背景格式"按钮。

11. 在"设置背景格式"对话框中选择"图案填充",在图案里面选择合适的图案,如图 4-4-11 所示。

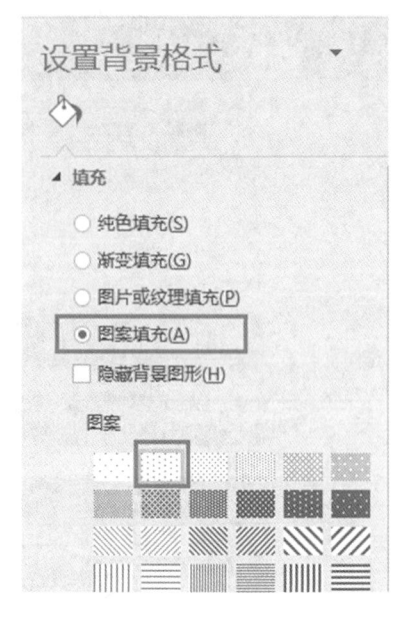

图 4-4-11　设置背景格式

12. 为了让目录页看起来更美观,我们还可以安装"iSlide"插件,插入一些图标进行美化,如图 4-4-12 所示。

图 4-4-12　利用 iSlide 插件美化

考试大纲

幻灯片基本制作(文本、图片、艺术字、形状、表格等插入及其格式化)。

【考点解析】

[考点1]SmartArt图形选择

SmartArt提供了很多不同的图形类型供我们选择,主要有列表、流程、循环、层次结构、关系、矩阵、棱锥图、图片几种,要根据实际情况选择不同的图形。

[考点2]SmartArt格式设置

插入SmartArt图形以后,我们一般会对它进行格式设置,主要有增加列表数量,改变填充颜色,改变列表内的字体、字号、颜色等。

任务五 给PPT添加音频和视频

学习目标

1. 能熟练地在PPT中插入音频和视频。
2. 能熟练地编辑PPT中的音频和视频。

学习重点

PPT中音频、视频的插入与编辑。

学习难点

对PPT中插入的音频、视频进行合理的编辑。

任务描述

小陈是传媒公司的设计师,现在公司需要他处理一个关于酒文化的PPT,为其添加合适的音频和视频。

任务分析

首先需要在网上下载适合该PPT主题的音频和视频,或者寻找专门制作专题视频的公司协助完成视频资料制作,然后在PPT中完成插入和编辑任务。

活动一:音频的插入及编辑

操作步骤

1.打开要插入音频的酒文化PPT文档,然后在需要插入音频的页面,单击"插入""音频"按钮,在子菜单中选取"PC上的音频"命令,如图4-5-1所示。

图4-5-1 插入音频

2.在弹出的"插入音频"对话框中,找到需要插入的音频文件,然后单击"插入"按钮,即可插入所需要的音频,如图4-5-2所示。

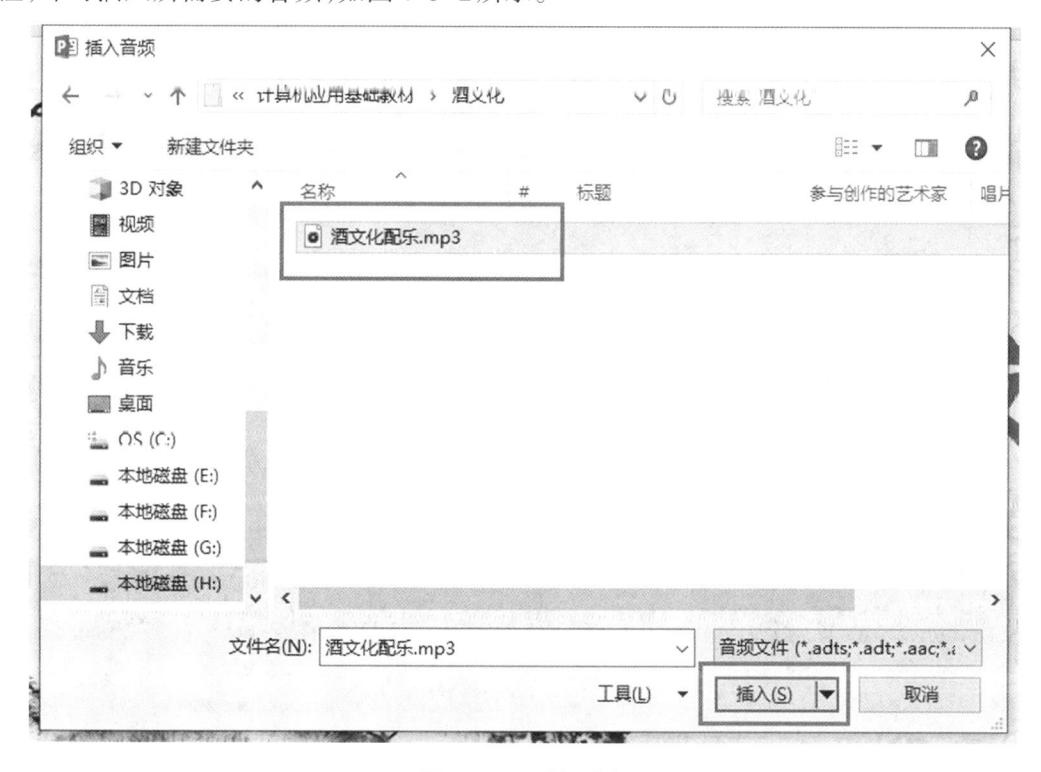

图4-5-2 选择音频

3.插入音频文件后,我们选中音频小喇叭,可以对其进行一系列的设置,如图4-5-3所示。

图4-5-3 音频设置

(1)单击"剪裁音频",可以在剪裁音频对话框中设置音频起始时间,完成音频的剪裁,如图4-5-4所示。

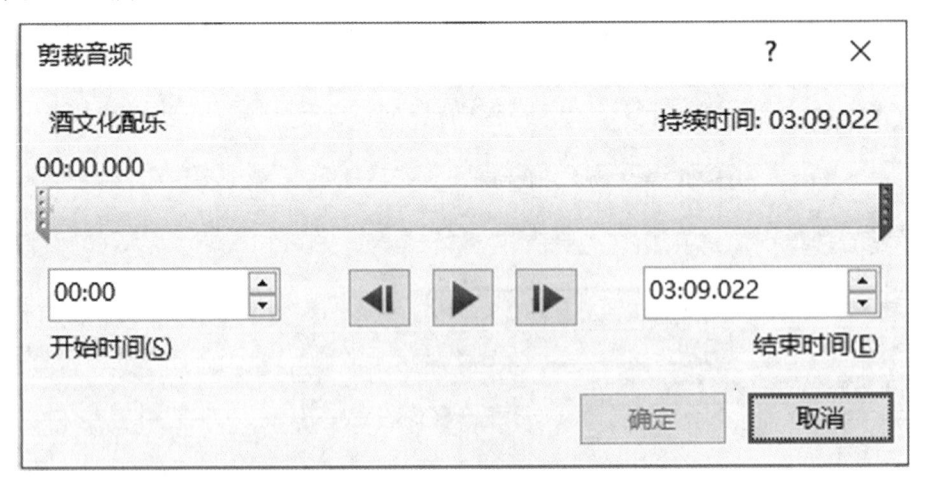

图4-5-4 音频剪裁

(2)淡化持续时间,可以在"渐强"和"渐弱"框内输入需要淡化处理的时间,即可实现音频的渐强和渐弱,如图4-5-5所示。

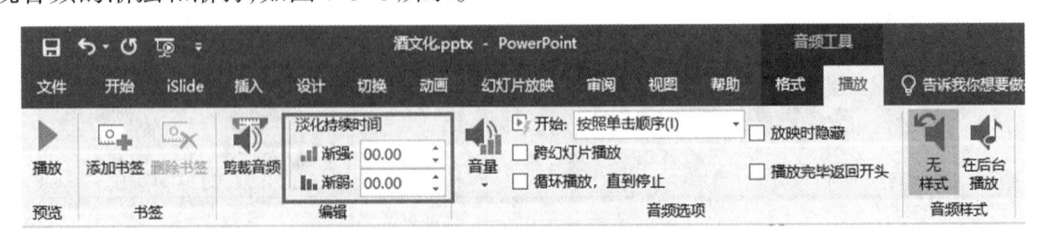

图4-5-5 淡化持续时间

（3）音量设置，单击"音量"按钮，里面有低、中等、高、静音四个选项，根据实际情况选择音量即可，如图4-5-6所示。

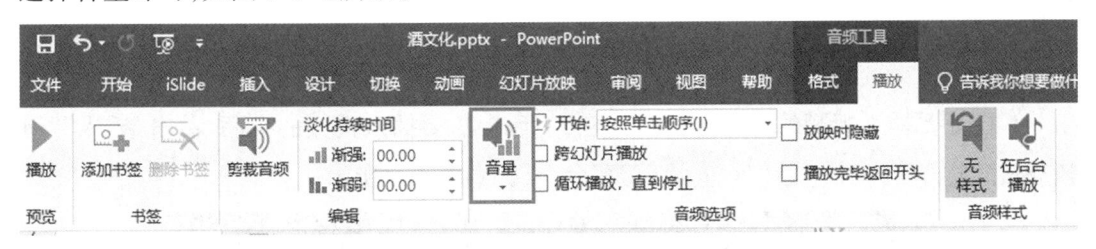

图4-5-6　音量设置

（4）开始播放设置，在下拉菜单中选择音频开始播放的方式，"自动"即PPT播放到这一页时音频就自动播放，"单击时"即PPT播放到这一页时，还需要用鼠标单击音频小喇叭，音频才能开始播放，如图4-5-7所示。

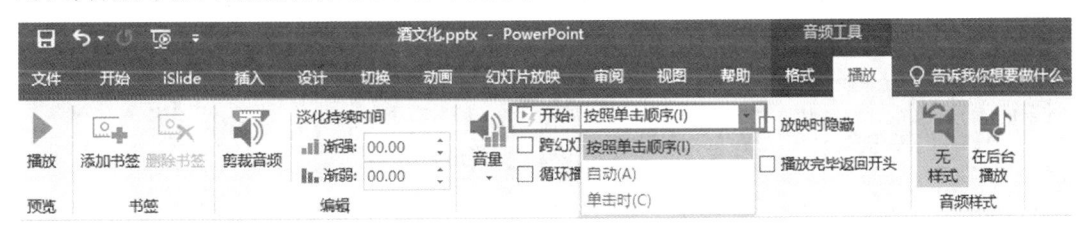

图4-5-7　开始播放设置

（5）其他设置，"跨幻灯片播放"是音频从当前幻灯片到最后一页幻灯片都播放该音频；"放映时隐藏"是播放含有音频的幻灯片页面时，音频小喇叭不显示，如图4-5-8所示。

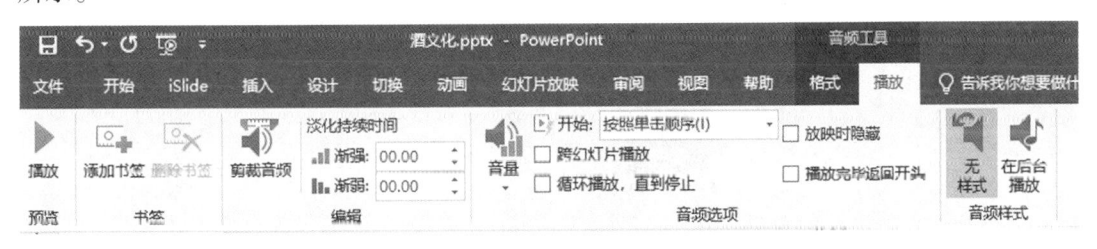

图4-5-8　其他设置

活动二：视频的插入及编辑

操作步骤

1.打开要插入视频的酒文化PPT文档,然后在需要插入视频的页面,单击"插入""视频"按钮,在子菜单中选取"PC上的视频"命令,如图4-5-9所示。

图4-5-9　插入视频

2.在弹出的"插入视频"对话框中,找到需要插入的视频文件,然后单击"插入"按钮,即可插入所需要的视频,如图4-5-10所示。

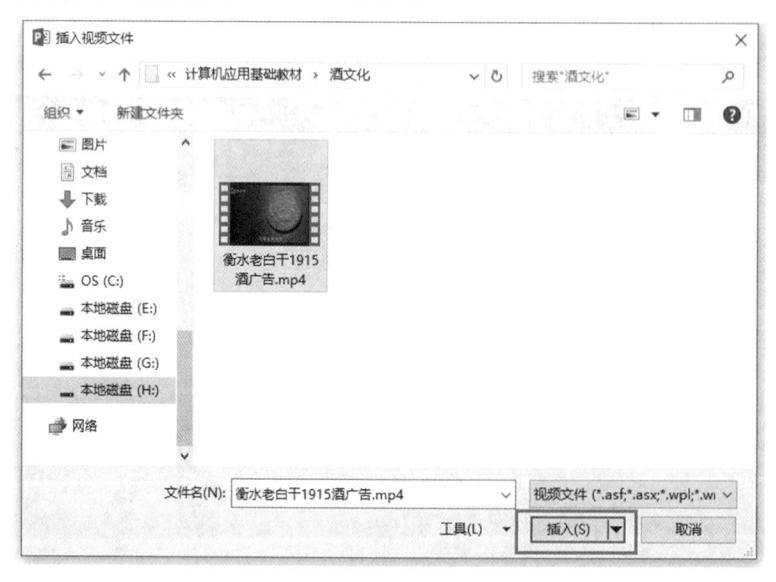

图4-5-10　选择视频

3.插入视频文件后,我们选中插入的视频,可以对其进行一系列的设置,如图4-5-11所示。

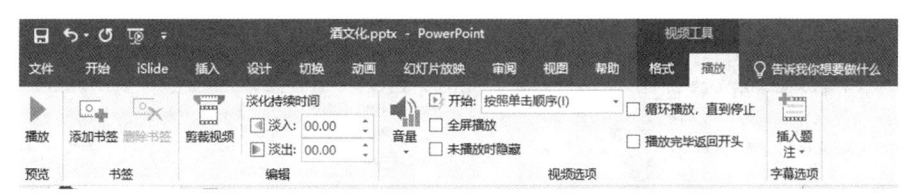

图4-5-11　视频设置

(1)单击"剪裁视频",可以在剪裁视频对话框中设置视频起始时间,完成视频的剪裁,如图4-5-12所示。

图4-5-12　视频剪裁

(2)淡化持续时间,可以在"渐强"和"渐弱"框内输入需要淡化处理的时间,即可实现视频的渐强和渐弱效果,如图4-5-13所示。

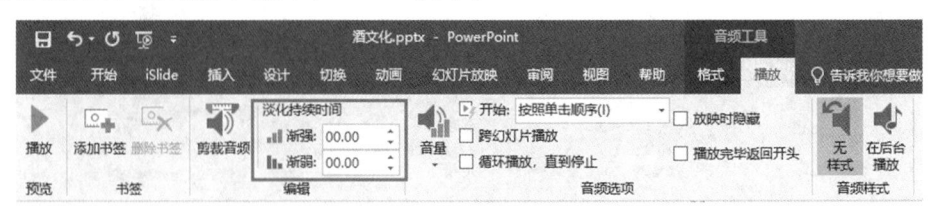

图4-5-13　淡化持续时间

(3)音量设置,单击"音量"按钮,里面有低、中等、高、静音四个选项,根据实际情况选择音量即可,如图4-5-14所示。

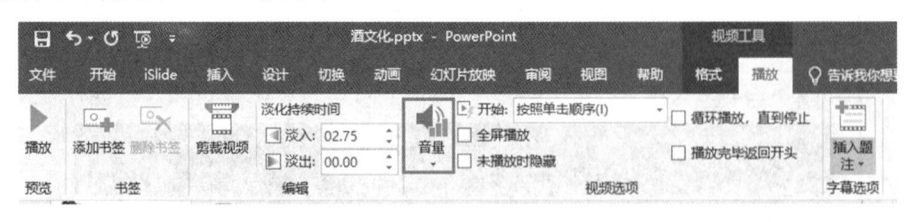

图4-5-14　音量设置

(4)开始播放设置,在下拉菜单中选择视频开始播放的方式,"自动"即PPT播放到这一页时视频就自动播放,"单击时"即PPT播放到这一页时,还需要用鼠标单击视频播放按钮才能开始播放,如图4-5-15所示。

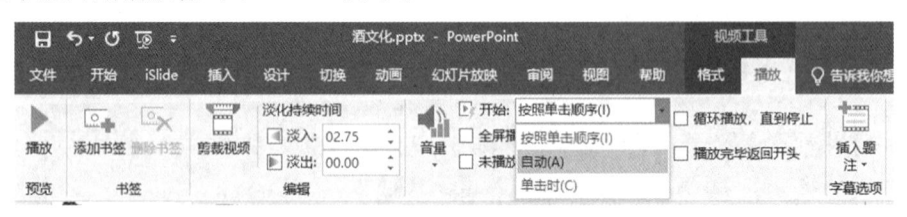

图4-5-15　开始播放设置

(5)其他设置,"全屏播放"是PPT播放到视频这一页时,视频自动全屏播放;"未播放时隐藏"是播放到包含视频这一页但还没有单击播放视频时,视频就自动隐藏而不被显示出来,如图4-5-16所示。

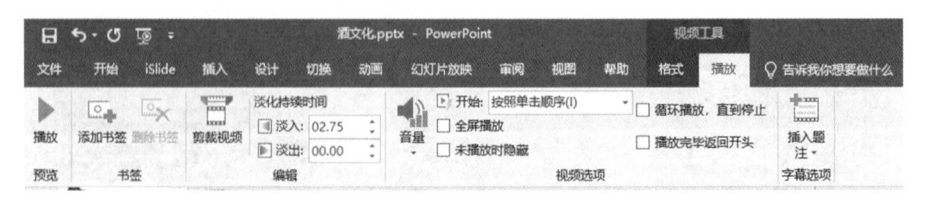

图4-5-16　其他设置

考试大纲

幻灯片基本制作(文本、图片、艺术字、形状、表格等插入及其格式化)。

【考点解析】

[考点1]音频文件和视频文件的插入

PPT本身是一个图、文、声、像素材的集合,因此音频文件和视频文件的插入是非常重要的知识点。音频文件和视频文件插入的方式基本一致,但是要注意PPT所支持的音频文件和视频文件格式。比如我们在网络上下载的".flv"格式的视频文件,PPT中是无法直接插入的,需要我们利用其他软件(比如格式工厂)进行格式转化后才能插入PPT中。

[考点2]音频文件和视频文件的设置

PPT中对于音频文件和视频文件的设置一般有以下几个方面:

1.音频和视频的剪裁。我们下载的音频文件和视频文件可能不是刚好符合我们的要求,需要根据实际情况剪裁一部分,选取我们需要的片段插入PPT即可。

2.音频和视频的播放方式,一般有自动播放和单击播放两种。

任务六　制作动态的公司宣传演示文稿

学习目标

1. 掌握幻灯片切换方式的设置。
2. 掌握幻灯片动画效果的设置。
3. 掌握幻灯片自定义动画的设置。

学习重点

幻灯片动画效果的设置。

学习难点

幻灯片动画顺序的设置。

任务描述

小张是小米公司宣传部的策划人员，现在要对已经制作好的红米手机的宣传PPT进行动态美化。

任务分析

动态展示就是设置PPT中内容的逐步展示方式，即幻灯片内容的动画方式和幻灯片之间的切换方式。

活动一：幻灯片切换方式的设置

操作步骤

1.选择好需要切换的前后两张幻灯片中的第二张，单击"切换"菜单，选取具体的切换方式，如图4-6-1所示。

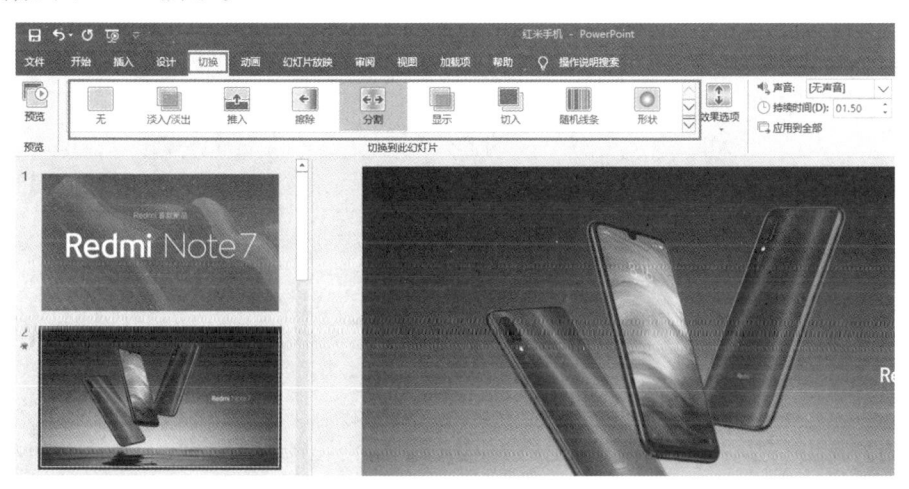

图4-6-1 单击"切换"菜单

2.在"效果选项"中对之前的切换方式进行具体效果选择，如图4-6-2所示。

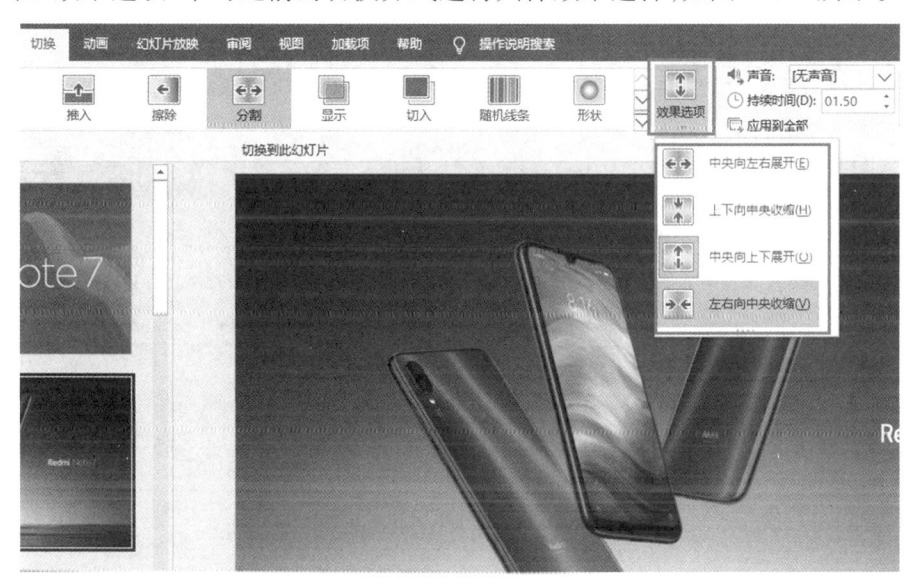

图4-6-2 设置切换方式效果

3.可在"切换"菜单中的"计时"项里,对两张幻灯片的切换进行声音、持续时间等功能设置,如图4-6-3所示。

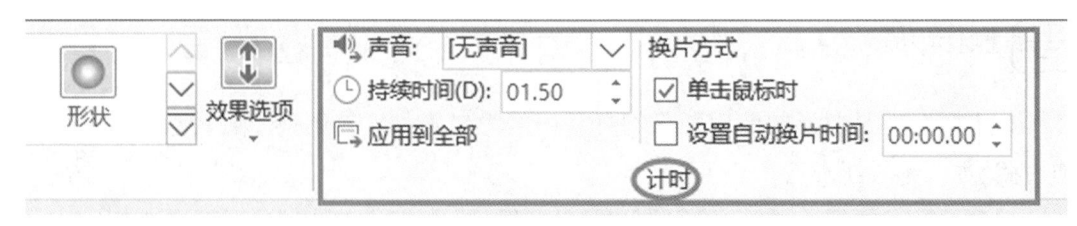

图4-6-3 设置切换"计时"属性

活动二:幻灯片的动画效果设置和顺序设置

操作步骤

1.选择好需要动画设计的文字或者图片,单击"动画"菜单,选取具体的动画效果,如图4-6-4所示。

图4-6-4 单击"动画"菜单

2.在"效果选项"中对之前的动画效果进行方向、序列等具体效果的选择,如图4-6-5所示。

图4-6-5　设置动画效果

3.对同一对象添加多个动画效果,需单击"添加动画",然后再选择动画效果,如图4-6-6所示。

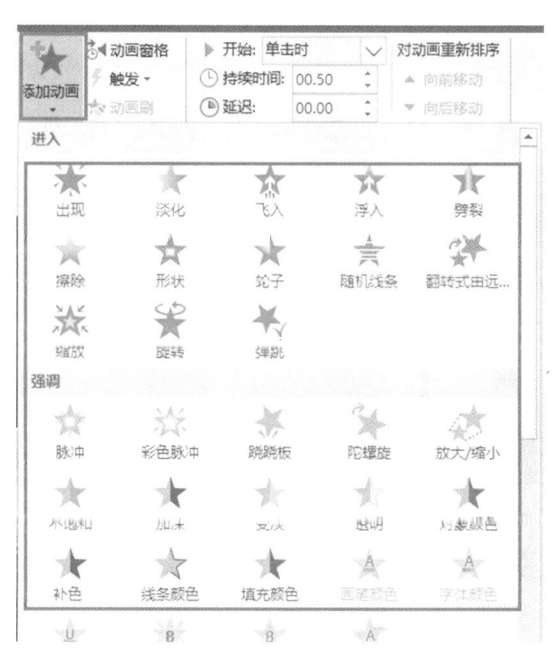

图4-6-6　添加多个动画

4.可在"动画"菜单中的"计时"项里,对动画的触发、持续时间、排序等功能进行设置,如图4-6-7所示。

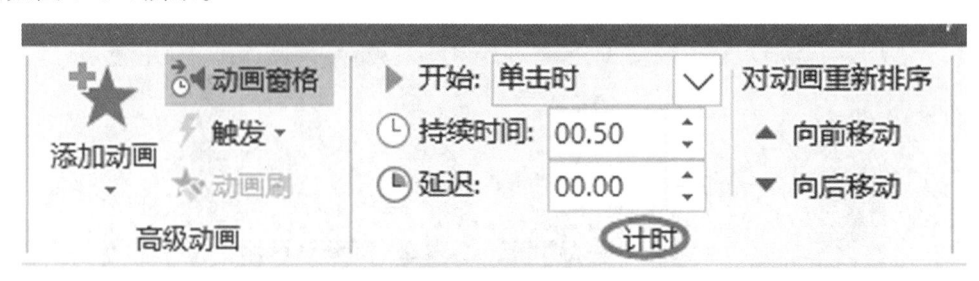

图4-6-7 设置动画"计时"属性

5.要查看、修改一张幻灯片中所有的动画及其排序,可以单击"动画窗格",如图4-6-8所示。

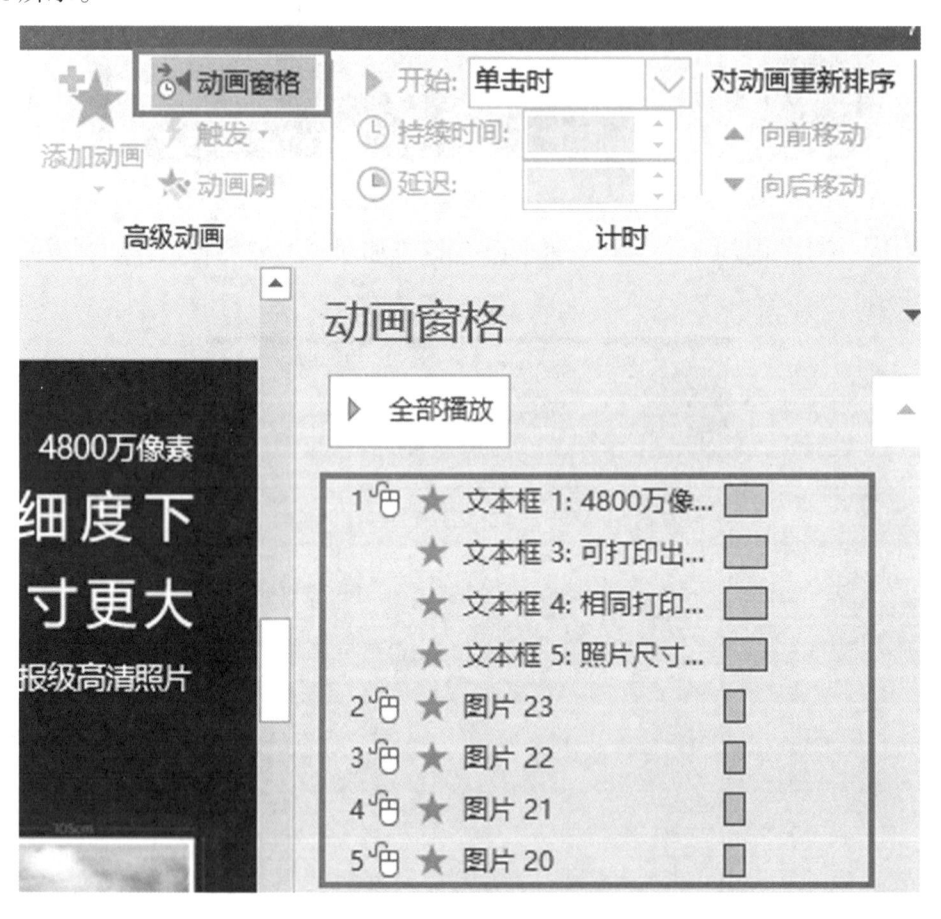

图4-6-8 查看动画窗格

考试大纲

演示文稿放映设计(动画设计、放映方式、切换效果)。

【考点解析】

[考点1]幻灯片的切换效果

设置幻灯片的切换效果的操作步骤如下:首先选定幻灯片,在"切换"功能区的"切换到此幻灯片"分组中,左侧下拉三角按钮,选择样式库中的样式。选定效果后,单击"效果选项"按钮,选择要设置的内容。

[考点2]幻灯片内容动画设置

设置幻灯片的动画的操作步骤如下:首先选定需要设置动画的幻灯片内容,切换到"动画"分组中,左侧下拉三角按钮,在样式库选择动画样式。选定动画后在"效果选项"中选择要设置的内容。

任务七　PPT打包分享

学习目标

1. 掌握PPT保存的一般方法。
2. 能对PPT进行打包操作。

学习重点

PPT的保存及打包的基本操作。

学习难点

理解PowerPoint打包的概念并掌握打包操作。

任务描述

小张是教育公司宣传部的办公文员,需要将包含丰富的素材(图片、文字、音乐、视频)的PPT拷贝给老板。

任务分析

打包的功能就是将PPT中包含的多媒体素材全部集中成一个文件,只要打包完成,里面的字体、声音、视频等素材将不会受到播放的限制。

操作步骤

1. 打开我们需要打包的PPT演示文稿。

2.单击"文件"选项卡,然后单击"导出"按钮,在它对应的下级菜单中找到"将演示文稿打包成CD",此时仔细阅读右边关于"将演示文稿打包成CD"的说明文档,最后单击"打包成CD"按钮,如图4-7-1所示。

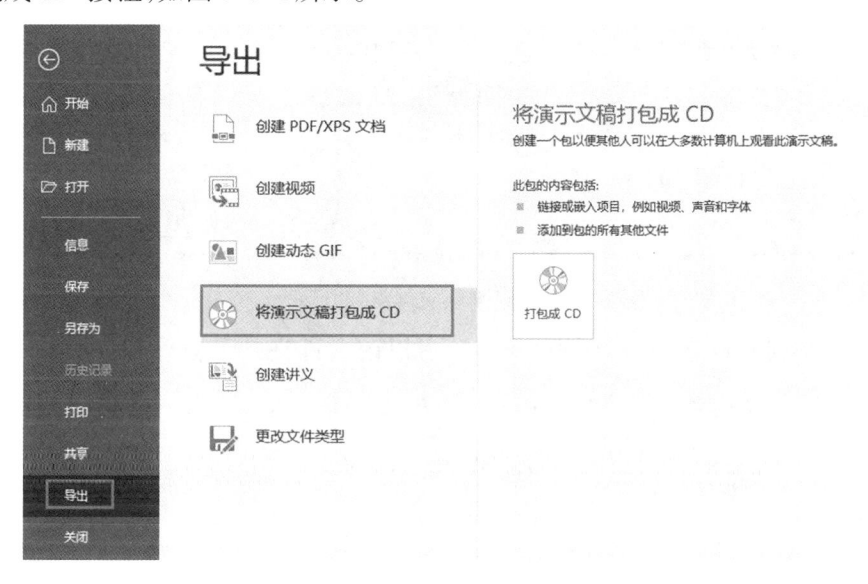

图4-7-1　导出PPT

3.在单击"打包成CD"按钮之后,弹出"打包成CD"对话框,如图4-7-2所示。

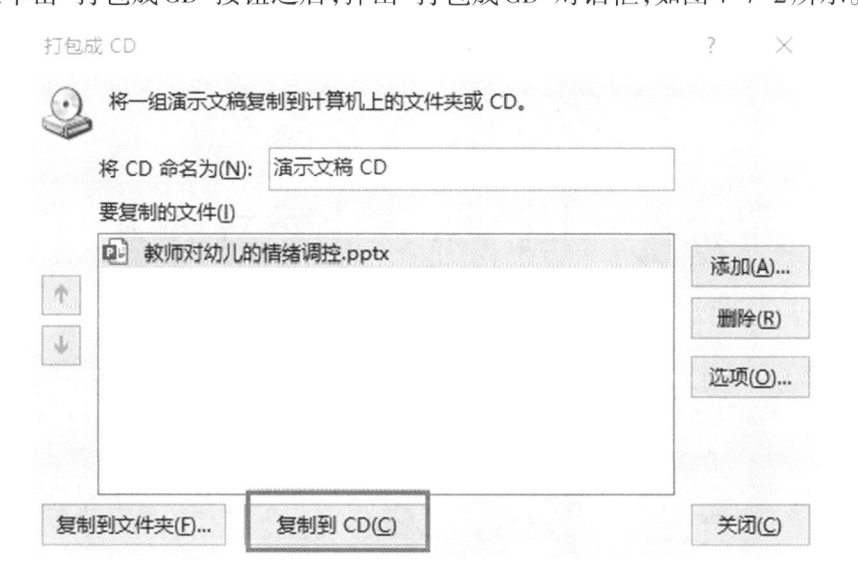

图4-7-2　"打包成CD"对话框

(1)可以在"将CD命名为"处填写自己想要的打包后的文件夹名字。

(2)因为我们只需要文件夹,而不是真正地刻录到CD上,所以我们单击"复制到文件夹"按钮,效果如图4-7-3所示。

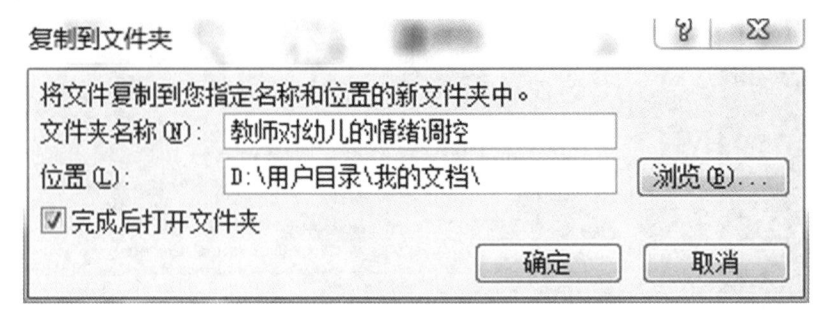

图4-7-3 "复制到文件夹"对话框

(3)在"复制到文件夹"对话框中,我们还可以改文件夹的名称,同时也可以选择打包后的文件保存位置,选择好后单击"确定"按钮即可弹出确认对话框,如图4-7-4所示。

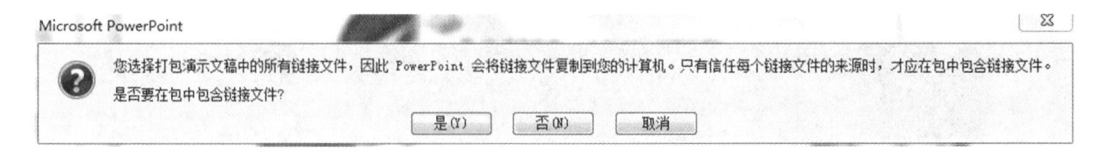

图4-7-4 打包确定

(4)打包完成后,自动打开打包好的文件,里面会有一个自动播放文件,如图4-7-5所示。

图4-7-5 浏览打包文件

4.打包完成前后应该注意的事项。

(1)打包前必须将所有用到的声音、视频素材复制到与PPT演示文稿同一个文件夹下。

(2)打包后,我们须将整个文件夹复制给使用者。

考试大纲

演示文稿的打包和打印。

【考点解析】

[考点1]幻灯片的打包

操作步骤:首先单击"文件"菜单下的"导出"选项卡,选择"将演示文稿打包成CD",单击"打包成CD",然后在弹出的对话框中修改CD名和选择"复制到文件夹"即可。

[考点2]幻灯片的打印

操作步骤:首先单击"文件"菜单下的"打印"选项卡,然后设置打印版式、打印范围、打印机属性等,最后单击"打印"即可。

任务八 制作包装比赛PPT

学习目标

1. 了解PPT的一般结构。
2. 知道PPT的制作步骤。
3. 熟悉PPT制作中常见辅助工具的使用方法。
4. 能通过模仿自主设计PPT。

学习重点

PPT的结构及其制作方法。

学习难点

文稿提炼,素材收集,设计制作。

任务描述

小王是一个广告公司的设计师,接受了某校张老师参加说课比赛PPT制作的任务,主题是"Word中的邮件合并",张老师提供说课的文稿。

任务分析

整体构思PPT,提炼文稿,查找素材,设计色调,确定结构,按照目录和内容页完成PPT制作,并与客户随时沟通,再修改,完善,直到打包交付文档。

操作步骤

1.提炼文稿。

仔细阅读说课稿内容,提炼关键词,初步拟订每一页PPT放置的具体内容,并且与客户确定,以防止后期更改大量内容。

2.查找素材。

根据说课稿提炼的内容,通过客户本人及网络找寻相应的图片、文字、声音、动画素材资料备用。

3.设计色调。

文字和素材准备就绪后,就根据内容确定PPT使用的主体色调。

根据制作内容和客户进行需求沟通,比如不能确定比赛场地的投影设备效果,只有尽量选择对比强烈的色彩作为主色调。

4.确定结构。

PPT的结构一般由片头动画、封面、目录、过渡页、正文页、结尾页组成。

(1)片头动画。

片头动画对于初学者来说难度是比较大的,我们可以下载现有模板并进行更改,或者下载符合PPT要求的视频并截取片段作为片头,当然也可以不做片头。

(2)封面。

封面除了起到提纲挈领、提示主题的作用,也是吸引他人注意力最重要的内容之一。好的封面能给人眼前一亮的感觉。

我们可以借鉴他人的作品,多收集、整理相关的素材,比如:图书、杂志、海报,以及其他优秀设计师的作品等。

当我们找到符合要求的参考封面之后,就可以动手模仿制作,如图4-8-1、图4-8-2所示。

图4-8-1　封面模仿原图　　　　图4-8-2　封面模仿图

(3)目录。

通过网络搜索和平时的积累,借鉴360安全卫士界面制作目录,如图4-8-3、图4-8-4所示。

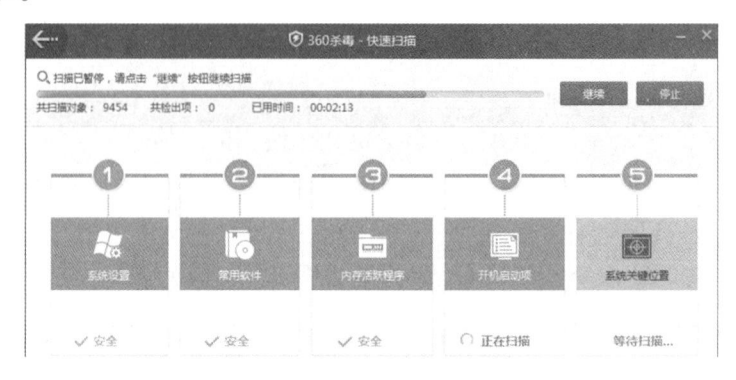

图4-8-3　360软件目录

图4-8-4　模仿目录

同样的道理,利用其他目录页作为参考,设计出本次任务的目录,如图4-8-5所示。

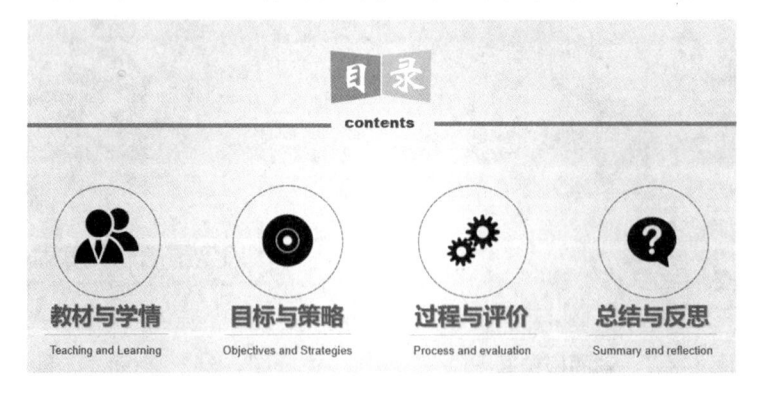

图4-8-5　目录模仿效果

（4）过渡页、正文页、结尾页的设计也可以参考封面和目录的制作方法，效果如图 4-8-6、图 4-8-7、图 4-8-8 所示。

图 4-8-6　过渡页效果

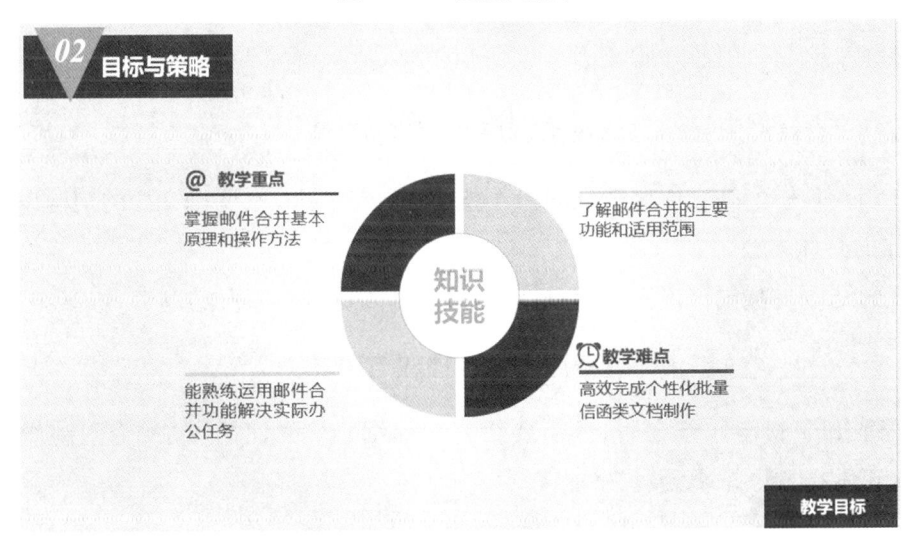

图 4-8-7　正文页效果

图 4-8-8　结尾页效果

5.现场试用。

完成初稿制作后,与客户对接并试用。如果有条件,应该去播放PPT的现场进行试用。

6.调试修改。

在试用过程中如果发现了问题,需要及时记录,然后进行针对性的修改和调试,再次进行试用,直到客户满意为止。

考试大纲

演示文稿放映设计(动画设计、放映方式、切换效果)。

【考点解析】

[考点1]PPT制作的流程

PPT制作是一个综合性比较强的操作技能,需要我们非常明确PPT的结构以及每个结构制作的具体方法。

PPT的结构主要包含片头动画、封面、目录、过渡页、正文页、结尾页。

[考点2] PPT播放与调试

当完成PPT制作任务之后,还需要给客户介绍PPT的使用方法,否则制作精美的PPT不能正常播放也是毫无意义的。